华晟经世ICT专业群系列教材

“十三五”江苏省高等学校重点教材

移动互联导论

李清波　武超　陈贵宾　朱劲松　李星宇　主编

“十三五”江苏省高等学校重点教材：2018-2-092

人民邮电出版社
北京

图书在版编目（CIP）数据

移动互联导论 / 李清波等主编. -- 北京 : 人民邮电出版社, 2019.10
ISBN 978-7-115-36358-9

Ⅰ. ①移… Ⅱ. ①李… Ⅲ. ①移动通信－互联网络－教材 Ⅳ. ①TN929.5

中国版本图书馆CIP数据核字(2019)第203840号

内 容 提 要

本书系统介绍了移动互联网行业的背景及基础知识、应用开发技术等，在系统讲解移动互联网行业的发展历程与应用现状的同时，还介绍了移动互联网行业未来的发展趋势。本书结合真实应用场景，采用情景化的项目引入及模块任务开发的方式编写，内容更加接近行业、企业和生产实际，传递一种解决复杂工程问题的思路和理念。本教材涵盖移动互联网行业最新应用的所有方面，知识点覆盖全面，知识应用紧随行业发展。

本书可以作为高等学校计算机专业、通信工程专业、电子与信息专业以及其他相近专业本科生的教科书，也可以作为移动互联网技术人员的参考书。

◆ 主　编　李清波　武　超　陈贵宾　朱劲松　李星宇
　责任编辑　贾朔荣
　责任印制　彭志环

◆ 人民邮电出版社出版发行　北京市丰台区成寿寺路 11 号
　邮编　100164　电子邮件　315@ptpress.com.cn
　网址　http://www.ptpress.com.cn
　涿州市京南印刷厂印刷

◆ 开本：787×1092　1/16
　印张：11　2019 年 10 月第 1 版
　字数：254 千字　2019 年 10 月河北第 1 次印刷

定价：49.00 元

读者服务热线：（010）81055493　印装质量热线：（010）81055316
反盗版热线：（010）81055315
广告经营许可证：京东工商广登字 20170417 号

前 言

移动通信和互联网成为当今世界发展最快、市场潜力最大、前景最诱人的两大产业。移动互联网是移动通信与互联网相结合的产物，相关技术发展日新月异。各高校陆续开展移动互联方向新工科建设，但在教学过程中缺乏相应的专业基础课和专业课教材。

尽管国内外介绍移动互联网技术的书籍很多，但这些书大多数只是跟踪行业发展情况，重点介绍移动互联网的应用，能作为大学教材的寥寥无几。作为移动互联网行业的导入性课程，移动互联网知识的教学，对计算机、电子等相关领域人才培养具有极其重要的时代意义，因此，编写相关教材符合社会现代化的需求。

移动互联导论一书涵盖移动互联网最新应用技术，知识点覆盖全面，内容紧随行业发展。教材的形式和内容创新，理论与实践教学并重，框架合理、范例新颖、生动、有趣，具有良好的用户体验，让人耳目一新。

本教材不同于以往专业基础课教材，将工程技术应用情景化、项目任务化，学生可扫描二维码学习重要知识点。本教材做到："准"，即教材最基本要求，理念、依据、技术细节都要准确；"新"，教材的形式和内容具有创新，表现、框架和体例新颖、生动、有趣，具有良好的用户体验，让人耳目一新；"实"，切实可用，即注重实践、案例教学，是一套理实结合、平衡的实用型教材。教材内容组织强调以学习行为为主线，构建了"学"内容逻辑。"学"是主体内容，包括项目描述、任务解决，填补了高校专业基础课教材校企共同开发空白。

本书涉及多个专业方向，校企开发团队在准备和写作过程中认真阅读并查阅了大量书籍和资料。参与编辑人员有高校教授李清波、陈贵宾，还有一批具有多年工作经验和技术积累的企业工程师：武超、李星宇、孙亮、朱劲松。本书理论联系实际。图文并茂，深入浅出，特别适合本科院校师生及相关技术人员自学或参考用书。

鉴于首次正式出版，书中难免有不妥之处，敬请指正。

李清波　武超

2019 年 7 月

目 录

项目 1

移动互联网行业背景及基础知识

项目引入

我是小明，是学习移动互联技术的大二学生，我非常想了解移动互联技术现在的发展情况，并且对移动互联技术的开发知识非常感兴趣，希望老师给我们介绍相关内容。

移动互联技术专业朱老师：好的，今天的课程主要讲解移动互联网行业背景及基本知识，通过学习各小节的内容，希望小明同学及移动互联技术专业的其他同学对行业的发展情况、移动互联主流开发知识具有清晰的了解和认识。

知识图谱

项目 1 知识图谱如图 1-1 所示。

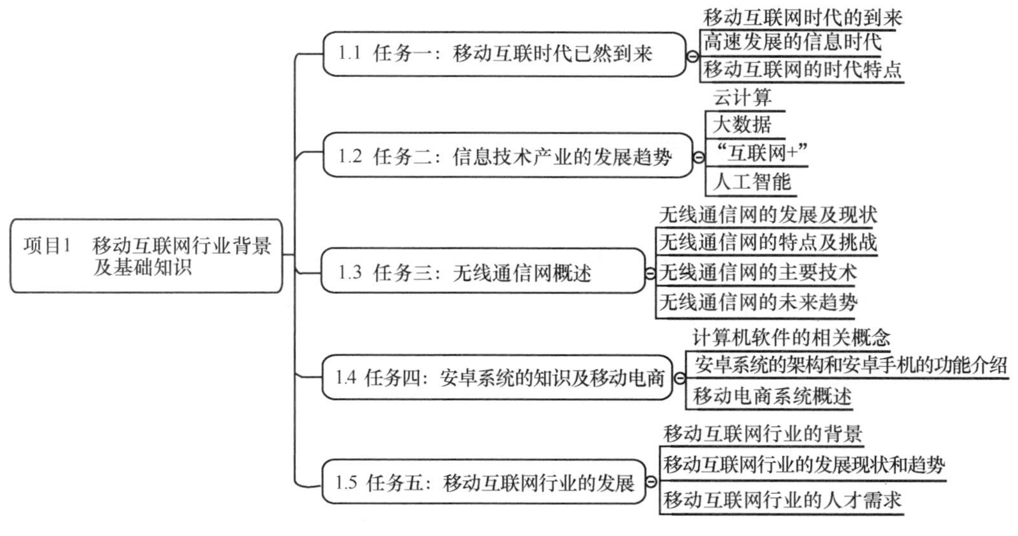

图1-1　项目1知识图谱

【教学课件二维码】

1.1 任务一：移动互联时代已然到来

【任务描述】

移动互联时代已经到来，移动互联技术和我们的生活密切相关。下面我讲解 3 个知识点，希望同学们能清晰地认识移动互联时代的特征。

【知识要点】

1. 移动互联时代已经到来，手机网民规模达到 7.24 亿人，移动应用程序总量已超过 1000 万款。信息服务、消费娱乐、交通出行、教育医疗、金融商务、民生保障等各领域的移动应用程序快速普及、交叉融合、相互促进，塑造了全新的社会生活形态。移动互联网已经彻底改变了我们的衣食住行，改变了我们的生活。

2. 了解高速发展的信息时代，了解计算机、互联网、移动互联网的发展历程。

3. 移动互联时代的特点：互联无处不在；工具性更强，融入生活；App 成为最重要的流量入口。

1.1.1 移动互联网时代的到来

在我国互联网的发展过程中，PC 互联网已日趋饱和，移动互联网却呈现井喷式发展。当前，我国已全面进入移动互联网时代，据中国互联网络信息中心 2017 年发布的第 40 次《中国互联网络发展状况统计报告》，截至 2017 年 6 月，中国网民规模已达 7.51 亿人，其中，手机网民规模达 7.24 亿人，占全国网民数量的 96.3%，较 2016 年年底增加 2830 万人。与此同时，移动互联网以其泛在、连接、智能、普惠等突出优势，在便民服务方面推动了消费模式共享化、终端设备智能化、应用场景多元化。据统计，我国移动应用程序总量已超过 1000 万款，移动支付用户规模超过 5 亿人、手机外卖用户达到 2.74 亿人、手机在线教育用户达到 1.2 亿人。在基础设施建设、驱动经济发展、服务百姓生活等许多方面，中国的移动互联网发展都走在世界前列。2012—2018年中国手机网民规模及其占网民比例如图1-2所示。

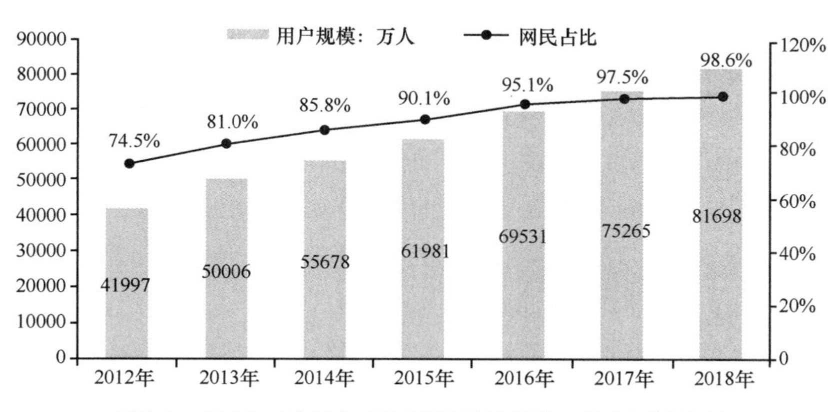

图1-2　2012—2018年中国手机网民规模及其占网民比例

1.1.2　高速发展的信息时代

第三次科技革命发展至今已有60多年的历史，信息技术以前所未有的速度改变着人们生活的方方面面。

信息技术（Information Technology，IT）是主要用于管理和处理信息所采用的各种技术的总称。信息技术主要应用计算机科学和通信工程来设计、开发、安装和实施信息系统及应用软件。信息技术也常被人们称为信息和通信技术（Information and Communications Technology, ICT）。

1. 计算机

计算机的发明使我们进入了信息时代，信息时代的特征主要表现为信息量、信息传播、信息处理的速度等呈几何倍增，乃至形成信息爆炸。

知识拓展：ENIAC（Electronic Numerical Integrator And Computer，电子数字积分计算机）是第一台通用计算机和第二台电子计算机。ENIAC长30.48米，宽6米，高2.4米，占地面积约170平方米，30个操作台，耗电量150千瓦，造价48万美元。它包含了17468根真空管（电子管），7200根晶体二极管，1500个中转，70000个电阻器，10000个电容器，1500个继电器，6000多个开关，计算速度是每秒5000次加法或400次乘法，是使用继电器运转的机电式计算机的1000倍、手工计算的20万倍。

计算机经历了以下几个阶段的发展。

第一代电子管计算机：1946年，宾夕法尼亚大学研制ENIAC。

第二代晶体管计算机：1954年，IBM研制了第一台晶体管计算机——TRADIC。

第三、四代集成电路和超大规模集成电路计算机：1970年，IBM研制了第一台集成电路计算机——S/360。

按照摩尔定律，计算机的性能以飞快的速度向前发展。摩尔定律：当价格不变时，集成电路上可容纳的元器件数目，每隔18～24个月便会增加一倍，性能也将提升一倍。

1975年，MITS制造了世界上第一台微型计算机——Altair 8800，带有1KB存储器。

1977年，苹果公司研发了史上第一个带有彩色图形的个人计算机——Apple II。

1981年，IBM采用Intel处理器、微软的Ms-Dos操作系统，制造了IBM个人电脑。

1983年，苹果公司研发第一台使用鼠标的电脑和第一台使用图形用户界面的电脑——Apple LISA。

2. 互联网

互联网（Internet），又称因特网，始于1969年美国国防部高级研究计划局组建的阿帕网（ARPANET），是网络与网络之间所串联成的庞大网络。这些网络以一组通用的协议相连，形成逻辑上单一、巨大的国际网络。

1989年，在普及互联网应用的历史上发生了又一件重大的事件。TimBerners和其他在欧洲粒子物理实验室的人——这些人在欧洲粒子物理研究所非常出名，提出了一个分类互联网信息的协议。该协议于1991年后被称为WWW（World Wide Web，万维网）。

由于互联网最开始是由政府部门投资建设的，所以它最初仅限于研究部门、学校和政府部门使用，除了直接服务于研究部门和学校的商业应用之外，其他的商业行为是不被允许的。20世纪90年代初，当独立的商业网络发展起来后，这种“独享”的局面才被打破。这使得从一个商业站点发送信息到另一个商业站点而不经过政府资助的网络中枢成为可能。

知识拓展：ARPANET的建立基于这样一种主导思想，网络必须能够经受故障的考验并维持正常工作，当网络的某一部分遭受攻击而失去工作能力时，网络的其他部分应当能够维持正常通信。

3. 移动互联网

移动互联网结合了移动通信和互联网，是互联网的技术、平台、商业模式和应用与移动通信技术结合并实践的活动总称。5G时代的开启以及移动终端设备的凸显必将为移动互联网的发展注入更大的能量，加速相关产业的迅猛发展。

移动互联网（Mobile Internet，MI）是一种通过智能移动终端，采用移动无线通信方式获取服务的新兴业务，包含终端层、软件层和应用层3个层面。终端层包括智能手机、平板电脑、电子书、MID等；软件层包括操作系统、中间件、数据库和安全软件等；应用层包括休闲娱乐类、工具媒体类、商务财经类等不同的应用与服务。随着技术和产业的发展，LTE（长期演进，4G 通信技术标准之一）和 NFC（近场通信，移动支付的支撑技术）等网络传输层关键技术将被纳入移动互联网的范畴之内。

随着宽带无线接入技术和移动终端技术的飞速发展，人们迫切希望能够随时随地乃至在移动过程中都能方便地通过互联网获取信息和服务，移动互联网应运而生并迅猛发展。然而，移动互联网在移动终端、接入网络、应用服务、安全与隐私保护等方面还面临着一系列的挑战。对于其基础理论与关键技术的研究，对于国家信息产业的整体发展具有重要的现实意义。

1.1.3　移动互联网的时代特点

1. 互联无处不在

移动互联网真正具备了 Anytime、Anywhere、Anyone 的 3A 属性，即互联无处不在。移动互联网的 3A 属性使互联网的用户数量和用户在网时间得到了爆发式的增长，用户生活中的大量碎片时间被网络占据，而这些庞大的用户群体和长时间的在线状态将孕育更具潜力的市场。

移动互联网高速发展的时代特征有以下几点：

① 苹果、三星取代诺基亚成为手机终端市场新的“霸主”，在 2019 年第一季度全球智能手机市场份额排名中，华为超过苹果位列第二；

② 高通击败英特尔，主导移动端的处理器市场；

③ 大量类似于小米、哈罗单车这样的创业公司快速成长；

④ 更多像华为、苏宁、国美、万达、格力、电信这样传统行业的企业加入移动互联网的竞争；

⑤ 互联网金融、直播等新的行业诞生。

2. 工具性更强，融入生活

移动互联网的 3A 属性使网络更加深入地融入我们的日常生活中。我们总是追求更便捷地获取信息、更高效地处理信息、更及时地沟通交流，移动互联网的诞生正好满足了我们的这一需求，随着它的进一步发展，我们的生活将越来越离不开它。

移动互联网融入生活体现在以下 5 方面：

① 微信超越 QQ 成为新的沟通方式；

② 淘宝、天猫、京东、拼多多、苏宁易购等电商成为最常用的购物方式；

③ 微信朋友圈等成为新的新闻、消息获取方式；

④ 滴滴打车、哈罗单车、美团大众点评、百度糯米领跑 O2O（线上线下）；

⑤ 支付宝和微信成为常见的支付选择。

3. App 成为最重要的流量入口

在移动端，当你想看视频的时候，你想到的是打开一个视频播放的 App，而不再单一通过手机浏览器在线播放。现在的 App 就像网站一样层出不穷，而庞大的流量入口就分散于这些精细化的 App 中。

1.2 任务二：信息技术产业的发展趋势

【任务描述】

信息技术产业是我国新兴产业重点发展的七大产业之一，具有创新活跃、渗透性强、带动作用大等特点，被普遍认为是引领未来经济、科技和社会发展的重要力量。在任务二中，同学们需要了解信息技术产业的发展趋势及重要性，以及信息技术的迅猛发展，如何大力推动云计算、物联网、大数据、移动互联网、新一代移动通信等新兴业态的发展。

小明在课堂上问道："朱老师，什么是信息技术？当今信息技术发展情况又是怎么样的？"

朱老师回答："信息技术是主要用于管理和处理信息所采用的各种技术的总称。一切与信息的获取、加工、表达、交流、管理和评价等方面有关的技术都可以称之为信息技术。"按照工业和信息化部的定义，信息服务业包括 3 个组成部分：第一部分是信息传输服务业；第二部分是信息技术服务业，包括系统集成、软件；第三部分是信息内容服务业，即数字内容服务业。

近年来，随着移动互联网的快速发展，信息服务领域的技术创新进一步强化，社会和各行业的信息化程度不断加深，企业对信息资源的挖掘、利用和开发有了更深入的要求，普通消费者对信息化产品、信息资源的利用也有了更多样化的需求，信息技术服务的市场规模将持续增长。

信息技术产业是决定一个国家国际竞争地位的先导性和竞争性产业，是国民经济的支柱产业之一；软件与信息技术服务产业是信息技术产业的核心，是国家提高自主创新能力的关键领域。

信息技术已经成为推动全球产业变革的核心力量，并且不断集聚创新资源与要素，与新业务形态、新商业模式互动融合，快速推动农业、工业和服务业的转型升级和变革，具体体现在以下 4 方面。

一是全球信息技术创新日益加快。以云计算、物联网、大数据和人工智能为代表的新一代信息技术蓬勃发展；先进计算、高速互联、智能感知等技术领域创新方兴未艾，类脑计算、深度学习、机器视觉、虚拟/增强现实乃至无人驾驶、智能制造、智慧医疗等技术及应用创新层出不穷。面向未来的新技术体系正在加速建立，竞争的焦点从单一产品转变为技术产品体系和生态体系。伴随网络化、融合化和体系化发展，全球范围内信息领域技术与产品形态正不断创新发展，新一阶段的技术和产业演进脉络日渐清晰，并不断产生新的平台、新的模式。

二是全球信息技术产业格局进入深度调整期。全球信息技术产业并购及整合的规模、频率、范围屡创新高。半导体产业巨头纷纷投入巨资，垂直整合产业生态链中的稀缺资源和关键要素，全力打造自身在产业和技术上的竞争优势；苹果等公司持续并购大量人工智能、智能硬件、应用开发、平台服务等公司，传统设备、软件巨头水平整合云计算、大数据和物联网资源，抢占人工智能等新一代信息技术发展先机。

三是互联网普及进入拐点。当前，全球互联网普及进程有所减缓，预期这一趋势将在未来几年得到持续强化。与此同时，随着可穿戴设备、智能家居、车联网、智慧城市等产品和服务的发展，接入网络的设备数量呈现逐年递增趋势。接入主体的变化将对网络的技术创新、应用形态以及服务能力产生深远影响。

四是互联网深度融入社会治理。互联网逐步成为人们进行社会交往、展现自我、获取信息、购买产品和服务的基本生活空间。互联网及大数据正驱动社会治理从单向管理向双向协同互动转变，社会治理模式正从依靠决策者进行判断，发展成为依靠海量数据进行精确引导。

随着应用程度的不断提升，信息技术服务与企业生态链的结合越来越紧密，对于提高运营效率，改进管理方式的重要作用越发凸显，对企业用户长期发展的价值也在不断提升。不断增长的用户需求直接带动了信息技术服务业的发展及市场规模的持续扩大。2011—2018 年我国软件业务收入增长情况如图 1-3 所示。

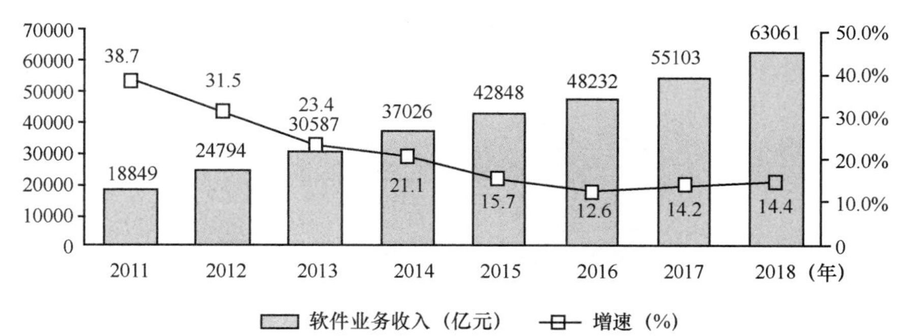

图1-3　2011—2018年我国软件业务收入增长情况

【知识要点】

1. 了解云计算的定义和特点，以及云计算的发展。

2. 了解大数据的定义和特点。

3. 了解“互联网 +”及其特征。

4. 了解人工智能。

1.2.1 云计算

1. 云计算的定义

云计算是一种按使用量付费的模式，这种模式提供可用的、便捷的、按需的网络访问，用户进入可配置的计算资源共享池（包括网络、服务器、存储、应用软件、服务），只需投入很少的管理工作，或与服务供应商进行很少的交互便能够快速获取服务。传统基础架构如图 1-4 所示，云基础架构如图 1-5 所示。

应用系统A
· Web
· App
· DB
计算
存储
网络
应用系统B
· Web
· App
· DB
计算
存储
网络
应用系统C
· Web
· App
· DB
计算
存储
网络

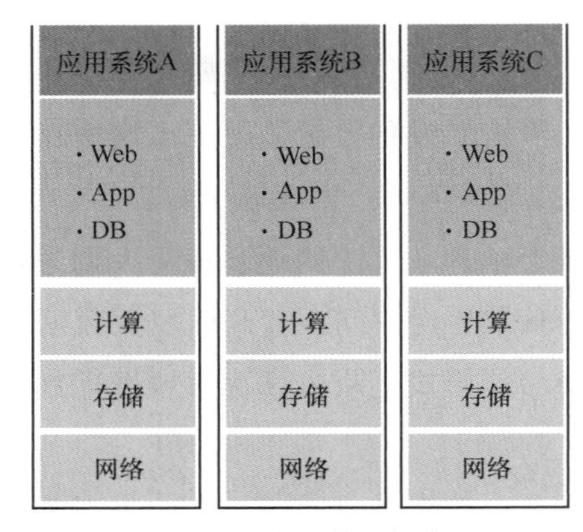

图1-4　传统基础架构

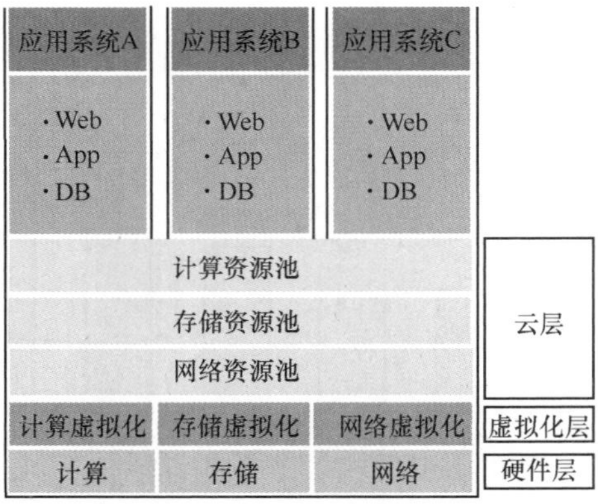

应用系统A
应用系统B
应用系统C
· Web
· App
· DB
计算资源池
存储资源池
网络资源池
计算虚拟化
存储虚拟化
网络虚拟化
计算
存储
网络
云层
虚拟化层
硬件层

图1-5　云基础架构

2. 云计算的特点

云计算将计算分布在大量的分布式计算机上，而非本地计算机或远程服务器中，企业数据中心的运行与互联网更相似，这使企业能够将资源切换到需要的应用上，根据需求访问计算机和存储系统。

（1）超大规模

“云”具有很大的规模，Amazon、IBM、微软、Yahoo等的“云”均拥有几十万台服务器。企业私有云一般拥有数百或上千台服务器，“云”能赋予用户前所未有的计算能力。

（2）虚拟化

云计算支持用户在任意位置使用各种终端获取应用服务，其所请求的资源来自“云”，而不是固定的、有形的实体。应用在“云”中某处运行，但实际上用户无须了解、也不用担心应用运行的具体位置，只需要一台笔记本电脑或者一部手机，就可以通过网络来实现需要的一切，甚至包括超级计算这样的任务。

（3）高可靠性

“云”使用了数据多副本容错、计算节点同构可互换等措施保障服务的高可靠性，使用云计算比使用本地计算机可靠。

（4）通用性

云计算不针对特定的应用，在“云”的支撑下可以构造出千变万化的应用，同一个“云”可以同时支撑不同的应用运行。

（5）高可扩展性

“云”的规模可以动态伸缩，满足应用和用户规模增长的需要。

（6）按需服务

“云”是一个庞大的资源池，用户可按需购买；云可以像自来水、电、煤气那样计费。

（7）极其廉价

由于“云”的特殊容错措施，其可以通过极其廉价的节点构成。“云”的自动化集中式管理使大量企业无须负担日益高昂的数据中心管理成本。“云”的通用性使资源的利用率较传统系统大幅提升，因此，用户可以充分享受“云”的低成本优势，只要花费几百美元就能完成以前需要数万美元才能完成的任务。

云计算可以彻底改变人们未来的生活，但其发展带来的环境问题也应得到重视，这样，其才能真正为人类进步做贡献，而不是简单的技术提升。

（8）潜在的危险性

云计算除了提供计算服务外，还提供了存储服务，但是，云计算服务当前垄断在私人机构（企业）手中，而他们仅仅能够提供商业信用。政府机构、商业机构（特别像银行这样持有敏感数据的商业机构）对于选择云计算服务应保持足够的警惕。此外，云计算中的数据对于数据所有者以外的其他云计算用户是保密的，但是对于提供云计算的商业机构而言确实毫无秘密可言。所有这些潜在的危险是商业机构和政府机构选择云计算服务、特别是国外机构提供的云计算服务时，不得不考虑的一个重要的前提。

3. 云计算的发展

云计算创造了一种前所未有的工作方式，也改变了传统软件工程企业。以下几点是云计算现阶段发展最受关注的几大方面。

（1）云计算扩展投资价值

云计算简化了软件、业务流程和访问服务，比以往传统模式改变得更多，帮助企业优化它们的投资规模。云计算不仅可以降低成本，还可以通过有效的商业模式，获得更大的灵活性操作，很多企业通过云计算优化他们的投资。在相同的条件下，企业可以获得更多创新机会与 IT 方面的投资，这将会为企业带来更多的商业机会。

（2）混合云计算的出现

企业使用云计算（包括私有和公共）来补充它们的内部基础设施和应用程序。专家预测，这些服务将优化业务流程的性能。企业采用云服务是一个新开发的业务功能，在这些情况下，按比例缩小两者的优势将会成为一个共同的特点。

（3）以云为中心的设计

越来越多的企业和组织将业务和产品向云上迁移，以云为中心设计业务成为一种趋势。

（4）移动云服务

移动云服务把虚拟化技术应用于手机和平板，适用于在移动 4G 设备终端（平板或手机）使用企业应用的系统资源，是云计算移动虚拟化中非常重要的一部分，简称移动云。

移动云具有根据角色按需分配资源和计算性能的特点，还能够实现 Windows 应用的无缝迁移，不需要在移动手持终端上重新开发应用或裁减，就能够在平板和手机上使用 Windows 应用，有助于提高企业在移动互联网时代通过 4G 设备使用企业应用的效率，符合绿色环保的特点。同时，移动云通过对应用进行集中管理、严格用户权限管理、高级别加密保护和多种登录验证（证书认证，令牌认证）等手段，大大降低系统被盗用和数据被截取的风险，在没有得到特别授权的情况下，数据绝不会离开信息中心，数据的安全性得以保证。

支持并提供全面的企业级移动虚拟化厂商有：CITRIX 公司的桌面云 XEONDESKTOP 和 CYLAN 公司的移动云 iCylanAPP。其支持现今流行的各种智能手机操作系统，如 Google Android，苹果 iOS（包括 iPad、iPhone）等。

移动云提供的虚拟化技术应用平台包括 5 个系统平台，即：iOS 虚拟化、Android 虚拟化、Phone7 虚拟化、Webos 虚拟化、Blackberry 虚拟化。

（5）云安全

用户担心他们在云端的数据的安全，因此，用户期待看到更安全的应用程序和技术出现。许多新的加密技术、安全协议在未来会越来越多地呈现。

1.2.2　大数据

1. 大数据的定义

大数据（Big Data）是指无法在一定时间范围内用常规软件工具进行捕捉、管理和处理的数据集合，是需要新处理模式才能具有更强的决策力、洞察发现力和流程优化能力以适应海量、高增长率和多样化需求的信息资产。

2. 大数据的特点

体量巨大（Volume）：人类生产的所有印刷材料的数据量是200PB，而历史上全人类说过的所有的话的数据量大约是5EB。当前，典型个人计算机硬盘的容量为TB量级，而一些大企业的数据量已经接近EB量级（1ZB = 1024EB，1EB = 1024PB，1PB = 1024TB）。

数据类型繁多（Variety）：数据被分为结构化数据和非结构化数据。相对于以往便于存储的以文本为主的结构化数据，非结构化数据越来越多，包括网络日志、音频、视频、图片、地理位置信息等，这些多类型的数据对数据的处理能力提出了更高要求。

价值密度低（Value）：价值密度的高低与数据总量的大小成反比。以视频为例，一部1小时的视频，在连续不间断的监控中，有用数据可能仅有1或2秒。如何通过强大的机器算法更迅速地“提纯”数据的价值成为目前大数据背景下亟待解决的难题。

处理速度快（Velocity）：这是大数据区分于传统数据挖掘方式的最显著特征。根据IDC“数字宇宙”的报告：预计到2020年，全球数据使用量将达到35.2ZB。在如此海量的数据面前，处理数据的效率就是企业的生命。

3. 大数据带来的变化

大数据带来的变化有以下4点。

① 大数据使得企业有能力从以自我为中心转变为以客户为中心。例如：移动App开始提供更多定制化的体验。

② 大数据从一定程度上颠覆了企业的传统管理方式。

③ 大数据从一定程度上改变了人们解决问题的逻辑，提供了从其他视角直达答案的可能性。我们遇到问题不一定要通过逻辑思考得出结果，也可以从海量数据中直接找到正确的答案。

④ 通过大数据，我们可以发现新的商机和新的商业模式。例如：大数据在智慧城市、物联网、人工智能方面的应用。

大数据和云计算的关系：移动互联网的快速发展是云计算和大数据的主要推动力，大数据与云计算的关系就像一枚硬币的正反面，密不可分。

1.2.3 “互联网+”

1.“互联网 +”的定义

“互联网 +”是“互联网”+“各个传统行业”的新业态，其利用信息技术和互联网平台，让互联网与传统行业进行深度融合，创造新的发展生态。

“互联网 +”有以下五大特征。

① 跨界融合。“+”就是跨界，就是变革，就是开放，就是重塑融合。敢于跨界，创新的基础就更加坚实；通过融合协同，群体智能才会实现，从研发到产业化的路径才会更加垂直。融合本身也指身份的融合，客户消费转化为投资，伙伴参与创新等。

② 创新驱动。这正是互联网的特质，用互联网思维来求变、进行自我革命，以更大程度发挥创新的力量。

③ 重塑结构。信息革命、全球化、互联网业等已打破了原有的社会结构、经济结构、地缘结构、文化结构。

④ 开放生态。“互联网 +”依靠创意和创新驱动，同时要跨界融合、做协同，要优化生态。企业应优化内部生态，并和外部生态做好对接，形成生态的融合性。生态是非常重要的特征，而生态的本身是开放的。“互联网 +”的一个重要方向就是要把过去制约创新的环节化解，把“孤岛式”创新连接起来，让创业者有机会实现价值。

⑤ 连接一切。连接是有层次的，可连接性是有差异的，连接的价值相差很大，但是连接一切是“互联网 +”的目标。

2.“互联网 + 智慧城市”

当前，全球信息技术呈加速发展趋势，信息技术在国民经济中的地位日益突出，信息资源日益成为重要的生产要素。智慧城市正是在充分整合、挖掘、利用信息技术与信息资源的基础上，汇聚人类的智慧，赋予物以智能，从而实现对城市各领域的精确化管理，实现对城市资源的集约化利用。

智慧城市以信息、知识为核心资源，以云计算和物联网为支撑手段，通过广泛的信息获取和全面感知、快速安全的信息传输、科学有效的信息处理，创新城市管理模式，提高城市运行效率，改善城市公共服务水平，全面推进信息化与工业化、城市化、市场化和国际化的融合发展，提升城市综合竞争力。

“互联网 + 智慧城市”包括智慧政务、智慧环保、智慧农业、智慧医疗、智慧地产、智慧养老、智慧旅游、智慧农业、智慧能源等。

建设智慧城市是转变城市发展方式、提升城市发展质量的客观要求。智慧城市能及时传递、整合、交流、使用城市经济、文化、公共资源，管理服务，市民生活，生态环境等各类信息，提高物与物、物与人、人与人的互联互通以及全面感知和利用信息的能力，从而极大提高政府管理和服务的能力，极大提升人民群众的物质和文化生活水平。建设智慧城市会让城市发展更全面、更协调、更可持续，会让城市生活变得更健康、更和谐、更美好。

3.“互联网 + 制造业”（智能制造）

近年来，以新一代信息通信技术与制造业融合发展为主要特征的科技革命和产业变革在全球范围内兴起。“互联网 + 制造业”以用户为中心，运用互联网、大数据、云计算等先进技术，以模式创新为出发点，打造全新的中心化网络式的全产业生态系统，把传统的制造业产业链模式，进化为以用户为中心的中心化网络模式。

4.“互联网 + 零售业”

在零售业发展史上，市场先后涌现了百货商场、超级市场、购物中心、电子商务、移动购物等多种零售业态，社会也经历了从技术引领生产变革、生产变革引领消费方式变革的传统零售向消费方式逆向牵引生产方式变革的转变。

消费者的网购习惯出现明显变化：在消费者网购行为指数中，66% 的消费者至少每两周网购一次，近 40% 的消费者有超过一半的日常零售支出是线上零售。这说明网络零售平台已经成为中国消费者实现日常生活与购物需求的重要平台。

新零售的概念或将出现：线下与线上零售将深度结合，加之现代物流，服务商利用大数据、云计算等创新技术提供服务。纯电商的时代很快将结束，纯零售的形式将被打破，新零售将引领未来全新的商业模式。线上线下融合趋势如图 1-6 所示。

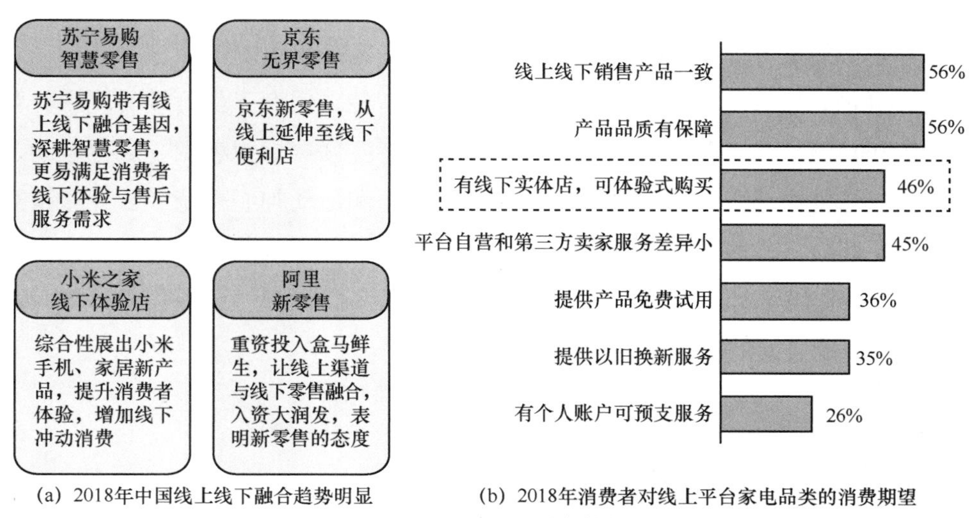

（a）2018年中国线上线下融合趋势明显　（b）2018年消费者对线上平台家电品类的消费期望

图1-6　线上线下融合趋势

5.“互联网 + 金融业”

互联网技术和金融功能的有机结合要依托大数据和云计算在开放的互联网平台上形

成的功能化金融业态及其服务体系，包括基于网络平台的金融市场体系、金融服务体系、金融组织体系、金融产品体系以及互联网金融监管体系等，并具有普惠金融、平台金融、信息金融和碎片金融等相异于传统金融的金融模式。

当前的“互联网＋金融业”格局，由传统金融机构和非金融机构组成。传统金融机构的实现方式主要体现在传统金融业务的互联网创新以及电商化创新，推出相关 App 等；非金融机构则指利用互联网技术进行金融运作的电商企业、第三方支付平台等。

1.2.4 人工智能

人工智能是计算机科学的一个分支，它旨在了解智能的实质，并生产一种新的能以与人类智能相似的方式做出反应的智能机器。该领域的研究包括机器人、语言识别、图像识别、自然语言处理和专家系统等。

人工智能研究方向举例如下。

（1）生活助手

苹果的 Siri、微软的小娜、阿里的天猫精灵等。

（2）无人驾驶

许多知名公司都在开发和完善无人驾驶汽车。

（3）医疗辅助

IBM 正在研究利用计算人工智能帮助医疗人员找到最有效的病人治疗方案的解决方法。

（4）金融交易

美国华尔街的很多公司已经开始用人工智能代替交易员的工作。

移动互联网、云计算、大数据、物联网、人工智能之间有千丝万缕的联系。互联网的未来结构和功能将与人类大脑高度相似，也将具备互联网虚拟感觉、虚拟运动、虚拟中枢、虚拟记忆神经系统。物联网对应互联网的感觉和运动神经系统；云计算是互联网的核心硬件层和核心软件层的集合，也是互联网中枢神经系统萌芽；大数据代表了互联网的信息层（数据海洋），是互联网智慧和意识产生的基础。移动互联网、云计算、大数据、物联网、人工智能之间的关系如图 1-7 所示。

1.3 任务三：无线通信网概述

【任务描述】

小明问老师：“无线通信网指什么呢？是不是不用电话线或者网线的就是无线通信网

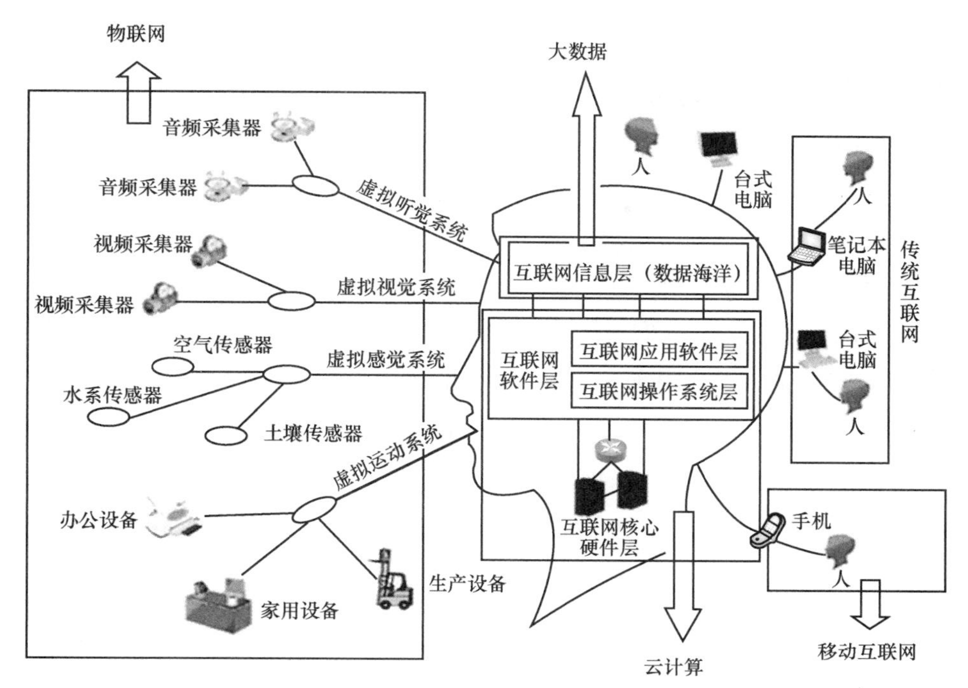

图1-7　移动互联网、云计算、大数据、物联网、人工智能之间的关系

呢？现在好像大家都更习惯于无线上网，那么无线通信网的技术有哪些呢？以后又会有什么样的发展趋势呢？”

任务三将给同学们介绍无线通信网的概念、发展历程以及现状等。

【知识要点】

无线通信网发展的趋势表现为：不仅能够为我们带来更大的带宽、更高的上网速率，还将引发新型应用场景、产业应用，以及大量未知的应用创新。相关机构曾提出：无线通信网的五大发展目标：一是与已有可替代网络技术共存，以更好地提供高速、可靠且安全的宽带服务；二是所有新的技术利益相关机构或企业都应致力于以低成本、高效益方式提供经改进的新型网络，实现最为经济实惠的创新型通信网络；三是未来将提供能够推动行业数字化和自动化的网络平台，加快行业数字化转型；四是无线通信网将提供高达 1Gbit/s 和 10ms 以内延迟的增强宽带服务，提供适用于云计算和基于人工智能的服务平台，改变移动宽带使用体验；五是将为各类场景的智能物联网节点提供支撑，推动大规模物联网和关键通信服务的新型应用的快速增长。

1.3.1　无线通信网的发展及现状

1. 无线通信网的概念

无线通信网是采用无线通信技术实现的网络。无线通信网既包括允许用户建立远距离无线连接的全球语音和数据网络，也包括优化近距离无线连接的红外线技术及射频技术，与有线网络的用途十分类似；其与有线网络最大的不同在于传输媒介的不同，其利用无线电技术取代网线，可以和有线网络互为备份。本书旨在介绍移动互联网行业的发展及现状，故 1.3.1 小节主要介绍远距离无线通信，近距离无线通信更多属于物联网的范畴，感兴趣的同学可以查阅相关资料。

2. 无线通信网的发展历程

随着社会和经济的发展，人们对信息化技术提出了更高的需求。技术上的创新不断涌现，并在社会中得到广泛的应用，从而促进整个社会的生活方式、管理方式、沟通方式、工作方式的重大变革，大大提高了人们的生活质量。无线通信网从萌芽到现状大体上经过了 6 个阶段。

第一阶段：20 世纪 50 年代以前，无线通信技术较多被用在军事方面；这个阶段以电子管技术及短波频率为特征；20 世纪 50 年代初才出现了 MTS 及 150MHz VHF 单工汽车公用移动电话系统。

第二阶段：20 世纪 50 年代到 60 年代，通信设备元器件已向半导体过渡，频段也相应扩展至 UHF450 以上，并形成了移动环境中的专用系统（无线通信网的雏形）。该阶段成功解决了无线通信网与公共电话网的融合问题。

第三阶段：20 世纪 70 年代到 80 年代初，蜂窝移动通信系统被提出。20 世纪 70 年代末 80 年代初，AMPS 试验开展，频段扩展至 800MHz。

第四阶段：20 世纪 80 年代初到 90 年代中期是第二代数字移动通信大发展的时期，无线通信网开始面向个人通信业务，发展也向着满足个人通信业务的方向转变。

第五阶段：20 世纪 90 年代中期到 2010 年左右，适应移动数据、移动计算及移动多媒体需要的第三代无线通信技术飞速发展并完成在全球主要国家和地区的商用。这个阶段还加速推进了全球移动通信技术标准化工作，使得样机研制和现场试验得到了蓬勃的发展，同时为后续技术的长期演进及统一打下了良好的基础。

第六阶段：2010 年至今，为适应不断出现的新的无线通信应用场景及模式，长期演进的网络发展规划被提出。随着技术的演进，以及商用网络的不断发展完善，到目前为止，我国大部分地区已实现了第四代无线通信网的覆盖；这一阶段是无线通信网飞速发展的阶段，其与多个行业、多个专业领域出现了深度融合，应用场景几乎覆盖了生活的各个方面，同时，第五代无线通信网被提上了日程。

3. 无线通信网的现状

从商业角度来说，经过前几年的 4G 大规模建设我国三大运营商目前建设的网络规模较小，同时在有计划地将 2G 时代的频谱资源“再利用”，计划逐渐完成 2G/3G 的退网工作，利用 2G/3G 的优质频段建设 4G 网络；同时，随着 5G 的加速发展，通信设备厂家及运营商都在有计划地部署实验网。从技术角度来说，目前5G的技术标准完成度还不算高，全球各大厂商、组织的博弈不断，尚需时日完善。

目前，无线通信网处于技术成熟、商用成规模的较稳定阶段，而基于无线通信网的各种新应用、新场景又对无线通信网提出了更高的要求，在促进5G的发展同时期待5G变革性的网络性能能反过来促进社会经济的发展。

1.3.2 无线通信网的特点及挑战

1. 无线通信网部署面临的挑战

信息时代，海量数据的出现对无线网络提出了更高的质量要求，海量的数据需要在更大强度的网络下运行。随着通信设备使用的增多，无线数据流量与信息通信需要较大的网络承载力，给无线网络造成巨大压力。超密集化小小区部署是解决大数据增长，以及数据不均匀分布的主要措施。超密集化小小区部署，主要场景是室内集中区域，因此，高频率下无线信号的传播，恰好与小小区内其他因素相抵消，减少互相干扰。室内小区域网络信号较弱，信号传播距离变小，使得小区域网络边缘锐利化，加剧了网络部署的困难。

2. 无线通信网资源管控面临的挑战

信息时代，新的业务类型相继出现，数据也越来越多样化，流量的不规则动态变化造成资源管控方面的困难。无线通信网资源管控以网络负载量为主体目标，无法实现对大数据业务的管控整理，导致控制力度不够，无法满足用户需求。无线通信网资源管控受到数据多样化与需求差异化的约束，导致资源管控的纬度不对称，资源管控目的与策略制订更加复杂。目前，互联网新业务特别是即时通信类业务，继承了无线通信网的新理念，设计面向连接的控制机制，对于突发业务所需的网络开销较大。随着新业务的不断开发，管控资源的后台系统负荷过大，设备程序出现滞后，使得网络出现卡顿现象。

3. 无线通信网数据安全性面临的挑战

数据安全是网络应用中至关重要的因素。信息时代，用户使用网络频繁，当客户在使用个人账户操作时，客户的相关信息就会存储在软件终端。若网络系统不安全，数据就会被别有用心的用户窃取，甚至对用户的人身财产安全造成危害。客户的用网需求，以及数据的多样化，使无线通信系统的保密设置难度加大，容易造成数据混乱、数据被窃取的现象出现。相对于有线网络，无线网络的广播性与开放性，使得信息更容易被盗取。未来，网络逐渐向着扁平化方向发展，这为无线网络带来更大的安全威胁，容易导致网络犯罪的发生率增高。

1.3.3 无线通信网的主要技术

随着无线通信网技术的发展，目前，无线通信网的主要技术是4G网络的核心技术。

1. OFDM技术

OFDM是一种无线环境下的高速传输技术，主要思想是在频域内将给定信道分成许多正交子信道，在每个子信道上使用一个子载波进行调制，各子载波并行传输。尽管总的信道是非平坦的，即具有频率选择性，但是每个子信道是相对平坦的，在每个子信道上进行的是窄带传输，信号带宽小于信道的相应带宽。OFDM技术的优点是可以消除或减小信号波形间的干扰，对多径衰落和多普勒频移不敏感，提高了频谱利用率。

2. 软件无线电

软件无线电的基本思想是把尽可能多的无线及个人通信功能通过可编程软件实现，它可以成为一种多工作频段、多工作模式、多信号传输与处理的无线电系统。软件无线电可被理解为一种用软件来实现物理层连接的无线通信方式。

3. 智能天线技术

智能天线具有抑制信号干扰、自动跟踪以及数字波束调节等智能功能，是未来移动通信的关键技术。智能天线应用数字信号处理技术，产生空间定向波束，使天线主波束对准用户信号到达方向，旁瓣或零陷对准干扰信号的到达方向，达到充分利用移动用户信号并消除或抑制干扰信号的目的。这种技术既能改善信号质量又能增加传输容量。

4. MIMO技术

MIMO技术是利用多发射、多接收天线进行空间分集的技术，它采用的是分立式多天线，能够有效地将通信链路分解为许多并行的子信道，从而大大提高容量。信息论已经证明，当不同的接收天线和不同的发射天线之间互不相关时，MIMO系统能够很好地提高系统的抗衰落和噪声性能，从而获得巨大的容量。在功率带宽受限的无线信道中，MIMO技术是提高数据速率，提升系统容量，提高传输质量的空间分集技术。

5. 基于IP的核心网

4G移动通信系统的核心网是一个基于全IP的网络，可以实现不同网络间的无缝互联。核心网独立于各种具体的无线接入方案，能提供端到端的IP业务，能同已有的核心网和PSTN兼容。核心网具有开放的结构，能允许各种空中接口接入核心网，同时能把业务、控制和传输等分开。IP所采用的无线接入方式和协议与核心网络（CN）协议、链路层是分离的。IP与多种无线接入协议相兼容，因此，核心网络的设计具有很大的灵活性，不需要考虑无线接入究竟采用何种方式和协议。

1.3.4 无线通信网的未来趋势

1. 技术互补的发展趋势

在现代无线通信技术的未来发展中，技术互补的发展趋势日益显著。无线通信技术有不同的种类，各类技术的优势不同、缺陷不同，导致适用环境等也存在差异。4G移动网络主要适合远距离的通信应用，而局域网则适合中等距离的通信应用。面对这样的情况，想要加快无线通信技术的发展速度，不同种类的通信技术互补应用是关键选择，即在现代无线通信技术的发展过程中，通信技术不断整合，统一发展趋势日渐明朗。

2. 蓝牙技术进一步发展

在现代无线通信技术的发展过程中，蓝牙技术的发展已经成为公认的目标，且当今社会已经存在多种成熟的蓝牙产品。在这样的背景下，对蓝牙技术进行更进一步的研究是势在必行的。在未来发展中，蓝牙技术将在手机、电脑以及平板电脑等通信设备中广泛应用，蓝牙技术的进一步发展，将推动无线通信技术的前进。

3. 无线技术逐渐融合

在未来无线通信技术的发展中，技术融合趋势较为显著，无线通信技术融合发展过程中，融合主要体现在两方面：一是移动通信与无线宽带接入的融合，二是无线通信与多媒体的融合。这两方面无线通信技术的融合被初步证明是有效的，随着融合的落实，无线通信技术将会为用户提供更多、更全面的通信服务。

1.4 任务四：安卓系统的知识及移动电商

【任务描述】

在任务四中，我们需要了解计算软件的相关概念、安卓系统的架构和安卓手机功能及移动电商系统概述。任务四对于同学们了解整个软件的发展史及后期学习移动互联技术方向课程的基础知识意义重大。

【知识要点】

1. 计算机软件总体分为系统软件和应用软件两大类。

2. 安卓系统架构为四层结构，从上到下分别是应用程序层、应用程序框架层、系统运行库层以及Linux内核层。

3. 移动电商的发展趋势：跨境网购、农村电商、线上线下融合、场景化和社交化。

1.4.1 计算机软件的相关概念

完整的计算机系统包括硬件系统和软件系统，二者互相依赖、不可分割，两个系统又由若干部件组成。硬件是客观存在的实体，它们为信息处理提供了物质基础，但却不能实现信息处理的要求。谁能指挥这些硬件协调工作，并有条不紊地执行信息处理呢？BIOS（Basic Input Output System，基本输入输出系统）是连接软件与硬件的一座“桥梁”，是计算机开启时运行的第一个程序，主要功能是为计算机提供最底层的、最直接的硬件设置和控制。BIOS 是一组固化到计算机内主板上一个 ROM 芯片上的程序，保存着计算机最重要的基本输入输出的程序、开机后自检程序和系统自启动程序，可以从 CMOS 中读写系统设置的具体信息。

计算机系统构成如图 1-8 所示。计算机软件和硬件关系如图 1-9 所示。

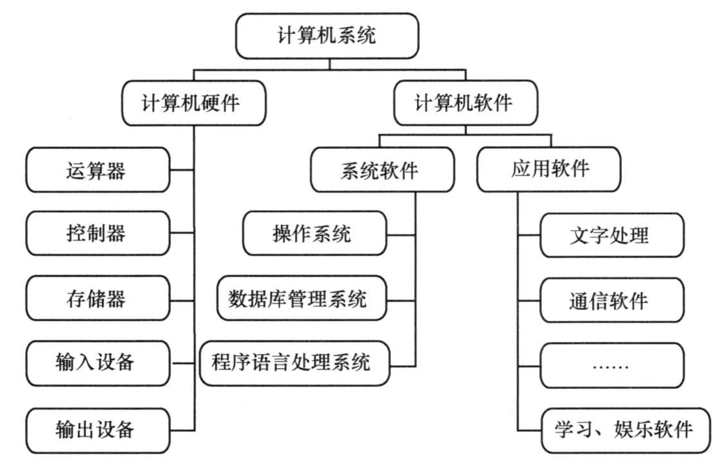

图1-8 计算机系统构成

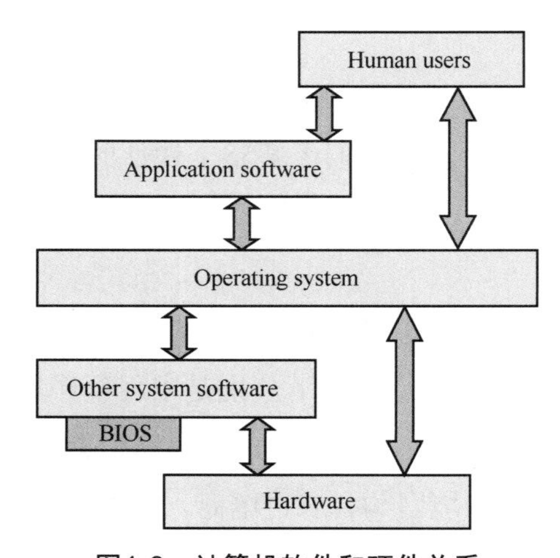

图1-9 计算机软件和硬件关系

计算机系统收到信息处理任务时，输入设备把原始数据或信息输入给计算机存储器存起来，根据CPU的指令集架构（ISA）定义将数值翻译为指令再由控制器把需要处理或计算的数据调入运算器，由输出设备把最后运算结果输出。

1. 计算机软件的概念

计算机软件是指计算机系统中的程序及其文档，程序是对计算任务的处理对象和处理规则的描述；文档是为了便于了解程序所需的阐明性资料。程序必须装入机器内部才能工作，文档一般是给人看的，不一定装入机器。

软件是用户与硬件之间的接口界面。用户主要通过软件与计算机进行交流。软件是计算机系统设计的重要依据。为了方便用户使用，为了使计算机系统具有较高的总体效用，在设计计算机系统时，工程师必须通盘考虑软件与硬件的结合，以及用户的使用要求和软件的安装要求。计算机软件的发展如图1-10所示。

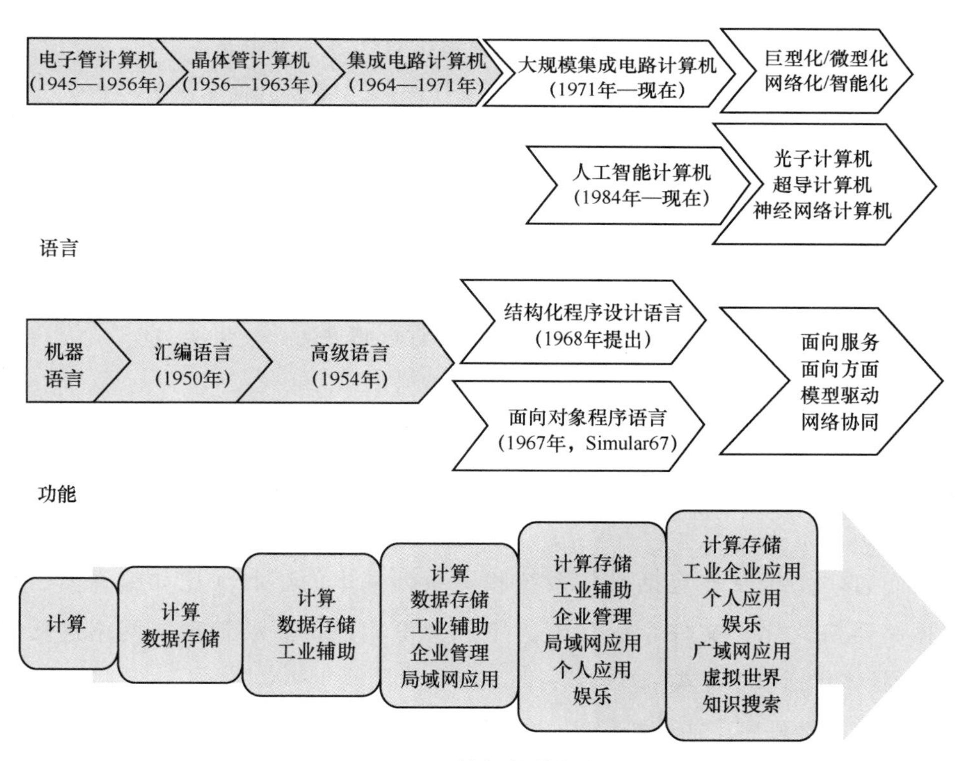

图1-10 计算机软件的发展

2. 软件的定义

软件的定义：与计算机系统操作有关的计算机程序、规程、规则，以及可能有的文件、文档及数据。

还包括以下其他定义：

① 运行时，能够提供所要求功能和性能的指令或计算机程序集合；

② 程序能够满意地处理信息的数据结构；

③ 描述程序功能需求以及程序如何操作和使用所要求的文档。

以开发语言为描述语言，我们可以认为：软件 = 程序 + 数据 + 文档。

3. 软件的特点

软件的特点如下。

① 计算机软件与一般作品的目的不同：计算机软件多用于某种特定目的，如控制一定生产过程，使计算机完成某些工作。

② 要求法律保护的侧重点不同：著作权法一般只保护作品的形式，不保护作品的内容；而计算机软件则要求保护作品的内容。

③ 计算机软件语言与作品语言不同：计算机软件语言是一种符号化、形式化的语言，表现力十分有限；文字作品则是人类的自然语言，表现力十分丰富。

④ 计算机软件可援引多种法律保护，文字作品则只能援引著作权法。

4. 计算软件的分类

计算机软件总体分为系统软件和应用软件两大类。

系统软件包括各类操作系统，如 Windows、Linux、UNIX 等，还包括操作系统的补丁程序及硬件驱动程序。

应用软件可以细分为工具软件、游戏软件、管理软件等。

（1）系统软件

系统软件负责管理计算机系统中各种独立的硬件，使得它们可以协调工作。系统软件使得计算机使用者和其他软件可以将计算机当作一个整体而不需要顾及底层每个硬件是如何工作的。

一般而言，系统软件包括操作系统和一系列基本的工具（比如编译器、数据库管理、存储器格式化、文件系统管理、用户身份验证、驱动管理、网络连接等方面的工具），具体包括以下 4 类：

① 各种服务性程序，如诊断程序、排错程序、练习程序等；

② 语言程序，如汇编程序、编译程序、解释程序；

③ 操作系统；

④ 数据库管理系统。

系统软件包括以下几类：

① 基本输入 / 输出系统（BIOS）；

② 操作系统（如 Windows、UNIX、Linux 等）；

③ 程序开发工具与环境（如 C 语言编译器等）；

④ 数据库管理系统（DBMS）；

⑤ 实用程序（如磁盘清理程序、备份程序等）。

（2）应用软件

应用软件是为了某种特定的用途而开发的软件，可以是一个特定的程序，比如一个图像浏览器；可以是一组功能联系紧密、互相协作的程序集合，比如微软的 Office 软件；也可以是一个由众多独立程序组成的庞大的软件系统，比如数据库管理系统。

软件开发是根据用户要求搭建出软件系统或者系统中软件部分的过程。软件开发是一项包括需求捕捉、需求分析、设计、实现和测试的系统工程。

软件一般是用某种程序设计语言来实现的，通常采用软件开发工具开发。不同的软件一般都有对应的软件许可，软件的使用者必须取得所使用软件的许可才能够合法地使用软件。同时，某种特定软件的许可条款不能够与法律相抵触。

5. 计算机软件的架构

软件架构是有关软件整体结构与组件的抽象模式，用于指导大型软件系统各个方面的设计。软件架构是一个系统的草图，描述的对象是直接构成系统的抽象组件。各个组件之间的连接则明确和相对细致地描述组件之间的通信。计算机软件架构如图 1-11 所示。

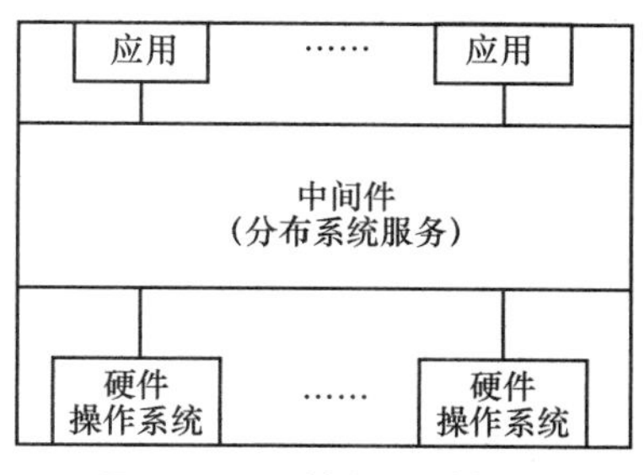

图1-11　计算机软件架构

在实现阶段，这些抽象组件被细化为实际的组件，比如具体的某个类或者对象。在面向对象的领域中，组件之间的连接通常用接口实现。目前，软件系统越来越庞大和复杂，要满足上述的设计目标变得越来越困难，而用分层对系统进行分而治之的管理是一种行之有效的办法。

分层的优点在于每个层次功能明确、逻辑清晰，上层只需要了解相邻的底层细节，层与层之间的耦合度降低了。在这样的分布式分层应用系统中，高层的策略不会因为底层细节的变化而受到影响。分层即将功能有序地分组：应用程序专用功能位于上层，跨越应用程序领域的功能位于中层，而配置环境专用的功能位于低层，具体描述如下。

① 顶层是应用程序层，包括应用程序专用的服务。

② 下面一层是业务专用层，包括在一些应用程序中使用的业务专用构件。

③ 中间件层包括各个构件，例如 GUI 构建器、与数据库管理系统的接口、独立于平台的操作系统服务以及电子表格程序、图表编辑器等 OLE 构件。

④ 底层是系统软件层，包括操作系统、数据库、与特定硬件的接口等构件。

6. 计算机软件市场

（1）计算机软件市场——面向个人

面向个人的计算机软件市场的一些示例如图 1-12 所示。

软件分类	软件产品	公司
操作系统	Windows、Linux、UNIX	微软、IBM、Oracle、红帽
桌面软件	QQ、安全卫士、腾讯管家、Office、Photoshop	360、腾讯、Adobe、微软
手机App	微信、支付宝、手机淘宝、美团、滴滴	以BAT为代表的互联网公司

图1-12 面向个人的计算机软件市场的示例

（2）计算机软件市场——面向企业

操作系统：Windows、Linux、UNIX 等。

中间件：Webshphere、MQ、.Net 等。

企业管理软件：微软、甲骨文、用友、金蝶等。

1.4.2 安卓系统的架构和安卓手机的功能介绍

1. 安卓系统的架构

安卓系统的底层是在 Linux 上进行开发的，系统架构如图 1-13 所示。

安卓系统架构分为 4 层，从上到下分别是应用程序层、应用程序框架层、系统运行库层以及 Linux 内核层。

（1）应用程序层

安卓系统不仅仅是操作系统，也包含许多应用程序，诸如短信客户端程序、电话拨号程序、图片浏览器、Web 浏览器等，它们都是用 Java 语言编写的，并且都是可以被开发人员开发的其他应用程序所替换的程序。

（2）应用程序框架层

应用程序框架层是我们从事安卓系统开发的基础，很多核心应用程序是通过这一层

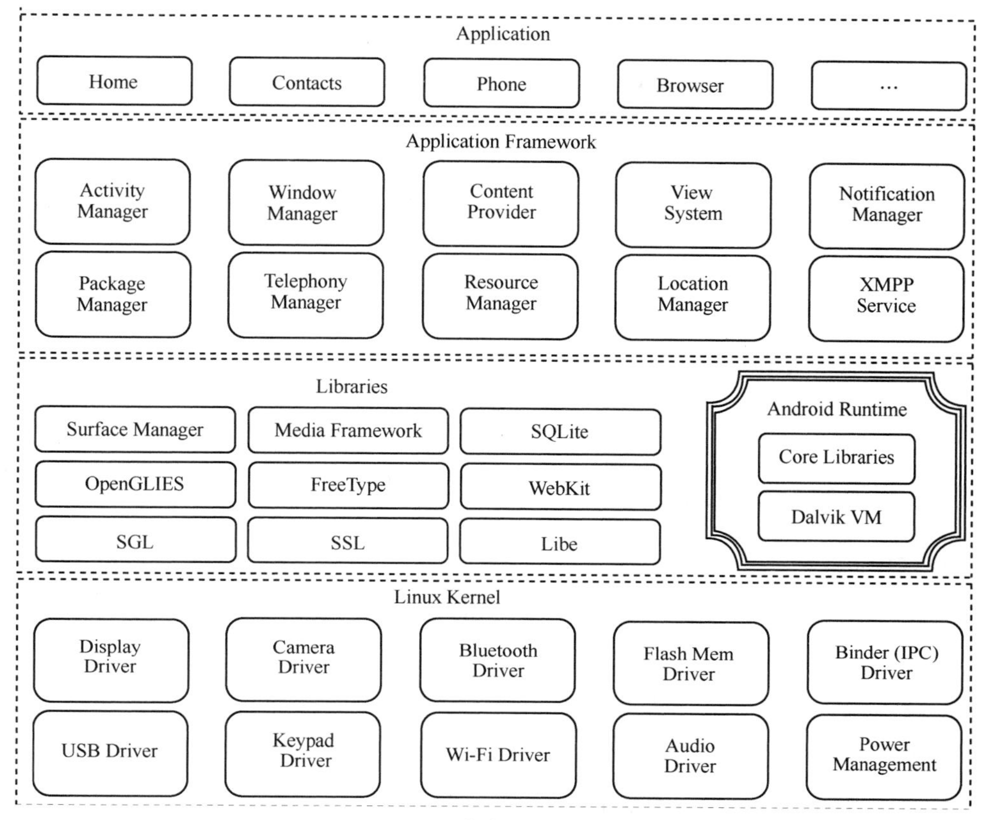

图1-13 安卓系统的架构

来实现其核心功能的。该层简化了组件的重用，开发人员可以直接使用其提供的组件快速地进行应用程序的开发，也可以通过继承这些组件来实现个性化的拓展。

（3）系统运行库层

系统运行库层包括系统库和 Android Runtime。系统运行库层是应用程序框架层的支撑，是连接应用程序框架层与 Linux 内核层的重要纽带。程序在 Android Runtime 中执行，运行时分为核心库和 Dalvik 虚拟机两部分。

（4）Linux 内核层

安卓操作系统基于 Linux 内核，其核心系统服务如安全性、内存管理、进程管理、网络协议以及驱动模型都依赖于 Linux 内核。Linux 内核层作为硬件和软件之间的抽象层，隐藏了具体硬件细节并为上层提供统一的服务。

2. 安卓手机的功能介绍

目前，安卓手机功能十分强大，内置了很多传感器和功能模块，可以实现诸多功能。常用的传感器及功能模块如下：

① 加速度计（Accelerometer）；

② 磁力计（Magnetometer）；

③ 陀螺仪（Gyroscope）；

④ 全球定位系统（GPS）；

⑤ 无线通信模块，如 Wi-Fi 模块、Bluetooth 模块等；

⑥ 摄像头（Camera）；

⑦ 光感应器（Light sensor）；

⑧ 距离传感器（Distance sensor）；

⑨ 温度传感器（Temperature sensor）；

⑩ 近场通信（NFC）模块。

1.4.3 移动电商系统概述

1. 移动电商

移动电商的全称为“移动电子商务”，通俗地解释就是利用无线终端进行的电子商务活动。随着互联网时代的变迁，电商的发展历程可以简单总结为 3 个阶段：互联网未兴起前，消费者为了购买商品，需要去实体店直接面向商家进行商品交易活动；互联网出现后，消费者可以通过 PC 实现网上购物，足不出户即可购买自己心仪的产品；步入移动互联网时代后，消费者可以通过手机随时随地在网上购物。系统消费者渠道的演变过程如图 1-14 所示。

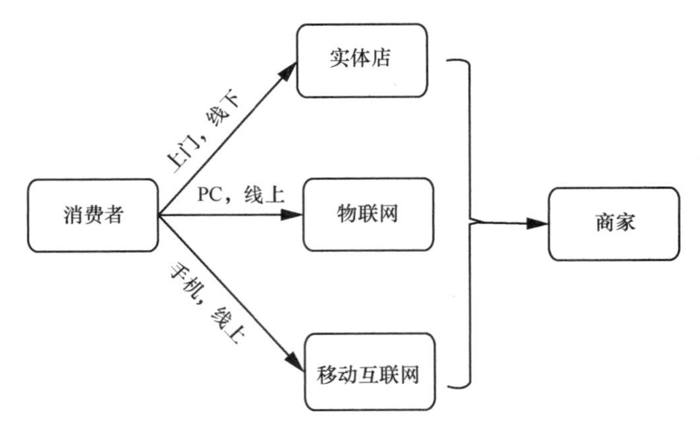

图1-14　系统消费者渠道的演变过程

2. 移动电商提供的服务

移动电商的发展与人们的衣食住行息息相关，我们日常的很多需求都可以通过移动互联网得到满足。

移动电商可以提供以下服务：银行业务、购物、订票、娱乐、无线医疗等。

3. 移动电商的现状和发展趋势

（1）现状

自 2004 年起，我国电子商务网站的发展呈现了迅速上升的趋势，订单和交易金额不断增长。在网络购物形成一定规模后，移动互联网的兴起带动了移动电商产业的爆发式成长，加之移动电商的移动性、便利性、个性化充分满足现代人们的商业活动需求，并拓展了销售渠道，可以说，移动电商的出现“生正逢时”。2012—2018 年中国网购交易额 PC 端和移动端占比如图 1-15 所示，2013—2018 年中国移动互联网市场规模如图 1-16 所示。

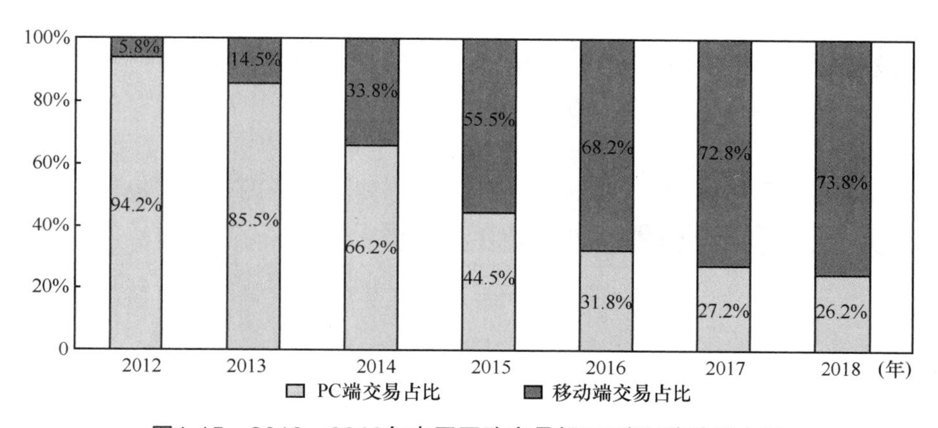

图1-15　2012—2018年中国网购交易额PC端和移动端占比

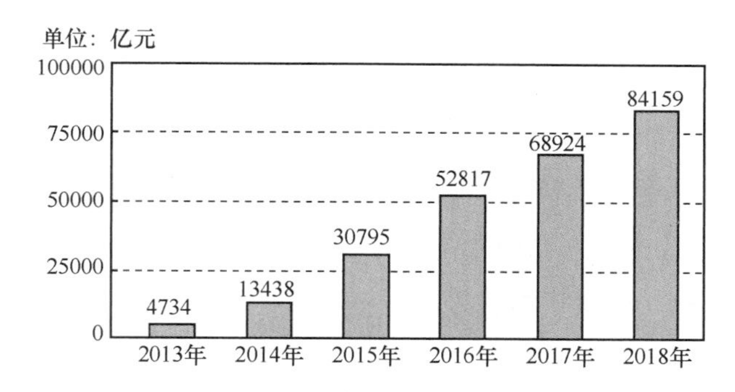

图1-16　2013—2018年中国移动互联网市场规模

由图 1-15 和图 1-16 的统计数据可以看出，越来越多的人倾向于在移动端购物，而且移动端交易规模越来越大，由此可见，移动电商的发展势头正足，对人们的生活所带来的影响越来越大。

（2）发展趋势

1）农村电商

相关调查显示，农村地区的消费意愿上升，直接体现在网购用户的增速上。在政府和电商平台的助力下，物流、电商下乡将成为移动电商发展的又一趋势。

2）线上线下融合

消费者享受线上购物便利的同时，也不愿放弃线下消费的体验，这种消费模式被称为线上线下消费模式，也就是 Online to Offline（O2O）。当下，餐饮外卖、旅游、点评、打车是最为流行的 O2O 模式，用户通过在手机上操作相关的 App 挑选、消费、在线享受服务。

3）场景化、社交化

移动购物模式多样，与场景相关的应用成为推动流量的新增长点。2015 年，尼尔森研究报告显示：美团网、大众点评、携程等与场景相关的应用成为推动流量的新增长点。越来越多的 App 将关注、分享、沟通、讨论、互动等社交元素应用于移动电商交易过程中。

1.5 任务五：移动互联网行业的发展

【任务描述】

移动互联网的发展日新月异，各位同学需要了解移动互联网行业背景、发展现状和趋势以及移动互联网行业的人才需求。

【知识要点】

1. 移动互联网的六大发展趋势：移动互联网超越 PC 互联网，引领发展新潮流；移动互联网行业和传统行业融合，催生新的应用模式；不同终端的用户体验更受重视，助力移动业务普及扎根；移动互联网商业模式多样化，细分市场继续发力；用户期盼跨平台互联互通，HTML5 技术让人充满期待；大数据挖掘成蓝海，精准营销潜力凸显。

2. 移动互联网行业发展现状和趋势。

3. 移动互联网行业的人才需求。

1.5.1 移动互联网行业的背景

随着时代与技术的进步，人类对移动通信和网络信息的需求急剧上升。移动通信和互联网成为当今世界发展最快、市场潜力最大、前景最诱人的两大技术。截至 2018 年 12 月底，我国网民规模已达 8.29 亿人，其中，手机网民规模达 8.17 亿人。移动互联网应用更加丰富，对社会生活服务渗透加深，成为手机网民常态的生活方式和各行业的重要发展模式。

移动互联网将移动通信和互联网二者结合起来，它是互联网的技术、平台、商业模式和应用与移动通信技术结合并实践的活动的总称。4G时代的开启以及移动终端设备的凸显必将为移动互联网的发展注入巨大的能量。移动通信和互联网已经成为当代人不可或缺的信息来源和交流工具，越来越多的人希望在移动过程中高速地接入互联网，获取需要的信息。因此，将移动通信和互联网二者结合起来的移动互联技术是顺应时代发展的产物。

移动互联网采用国际先进的移动信息技术，整合互联网与移动通信技术，引入各类网站及企业的大量信息及各种各样的业务，为企业搭建一个适合业务和管理需要的移动信息化应用平台，提供全方位、标准化的电子商务解决方案。移动互联网是一个全国性的、以宽带IP为技术核心的，可同时提供语音、传真、数据、图像、多媒体等高品质电信服务的新一代开放的电信基础网络，是国家信息化建设的重要组成部分。移动互联技术的推进，就是让人们随时随地可以通过无线通信工具了解互联网信息，能够随时最大可能地掌握并完成对外界信息的收集、分析。移动互联技术的发展是人们对信息即时采集、发布并共享需求发展的必然。

移动互联网在短短的几年时间里，已渗透社会生活的方方面面，产生了巨大的影响，但它仍处在发展的早期，“变化”仍是它的主要特征，“革新”是它的主要趋势。未来，其六大发展趋势如下。

一是移动互联网超越PC互联网，引领发展新潮流。有线互联网（又称PC互联网、桌面互联网、传统互联网）是互联网的早期形态，移动互联网（无线互联网）是互联网的未来。PC只是互联网的终端之一，智能手机、平板电脑、电子阅读器已经成为重要终端，电视机、车载设备正在成为终端，未来，冰箱、微波炉、抽油烟机、照相机，甚至眼镜、手表等穿戴之物，都可能成为泛终端。

二是移动互联网和传统行业融合，催生新的应用模式。在移动互联网、云计算、物联网等新技术的推动下，传统行业与互联网的融合正在呈现出新的特点，平台和模式都发生了改变。这一方面可以作为业务推广的一种手段，如食品、餐饮、娱乐、航空、汽车、金融、家电等传统行业的App和企业推广平台；另一方面重构了移动端的业务模式，如医疗、教育、旅游、交通、传媒等领域的业务改造。

三是不同终端的用户体验更受重视，助力移动业务普及扎根。目前，大量互联网业务迁移到手机上，为适应平板电脑、智能手机及不同操作系统，不同的App诞生了；HTML5的自适应较好地解决了阅读体验问题，但是还远未实现轻便、轻质、人性化，缺乏良好的用户体验。

四是移动互联网商业模式多样化，细分市场继续发力。随着移动互联网发展进入快车道，网络、终端、用户等方面已经打好了坚实的基础，不盈利的情况已开始改变，移动互联网已融入主流生活与商业社会。移动游戏、移动广告、移动电子商务、移动视频等业务模式流量变现能力快速提升。

五是用户期盼跨平台互联互通，HTML5 技术让人充满期待。目前形成的 iOS、Android、Windows Phone 三大系统各自独立，应用服务开发者需要进行多个平台的适配开发，这种隔绝有违互联网互联互通的精神。不同品牌的智能手机，甚至不同品牌、类型的移动终端都能互联互通，是用户的期待，也是未来的发展趋势。

六是大数据挖掘成蓝海，精准营销潜力凸显。随着移动宽带技术的快速发展，更多的传感设备、移动终端能随时随地接入网络，加之云计算、物联网等技术的带动，中国移动互联网逐渐步入“大数据”时代。目前，移动互联网领域仍然以位置的精准营销为主，但未来随着大数据相关技术的发展，以及人们对数据挖掘的不断深入，针对用户个性化定制的应用服务和营销方式将成为发展趋势，它将是移动互联网的另一片蓝海。

此外，面对快速发展的移动互联需求，移动互联业务应用开发、移动终端应用开发等方面的人才可能会缺乏。

1.5.2 移动互联网行业的发展现状和趋势

移动互联网迈入全民时代，截至 2018 年 12 月底，我国手机用户总数达 15.7 亿人。“90 后”与“00 后”的年轻一代用户快速增长，整体份额已超过移动网民总额的三分之一，且比例持续上升，“80 后”用户占比 37.1%，这 3 个年龄段的用户合计占比超过七成，如何迎合年轻人的生活场景需求是应用开发者需要考虑的核心问题。随着人口迁移，用户继续向一线城市集中，三线及其以下城市的移动端渗透在加速，形成潜力市场；中部省份用户规模虽不具优势，但用户的移动端活跃度更高。

目前，智能手机设备占比 94.2%，手机的使用比例上升，更多平板电脑可实现的功能正被大屏幕手机取代，用户日常生活中越来越多的场景与手机关联，手机已成为重要纽带。移动设备的性能明显改善，表现出价位更高、屏幕更大、网速更快的特征，推动移动端使用体验的提升，为更多传统线下场景在手机端的实现创造了条件。无论是 iOS 市场，还是安卓市场，终端厂商的渠道优势显著，并开始抢占营业侧的流量入口，未来，应用开发者与终端厂商的合作将会更加紧密。

移动应用突破固有工具、娱乐、消费等功能性阶段的使用，已进入生活场景化服务使用阶段。2018 年，中国的互联网继续蓬勃发展，新技术和新概念始终搅动风云，从“人工”逐渐过渡到“智能”，且“互联网造车”“人脸识别”等热词持续占据热搜。当然，在新零售的带动下，新的消费模式不断涌现。在 2018 年度互联网行业盘点时，运营商财经网将整个互联网细分成26个行业，分别是浏览器、视频、在线音乐、新闻资讯、美食外卖、旅游出行、阅读、云盘、安全杀毒、母婴、医疗健康、婚恋交友、投资理财、社交、购物、摄影摄像、商务办公、教育学习、求职招聘、买房租房、打车、导航地图、休闲娱乐、输入法、应用商店、直播。用户使用应用程序的习惯趋向“少而精”，每台设备每天打开的应用软件数量稳定在25款左右，细分行业的数量仅为1~3款，应用开发者面临“一屏之争”，细分行业领先地位的角逐将更加激烈，2019年TOP应用市场推广压力加剧。

各行业与移动端的融合在加速，传统企业与政府机构开始向移动互联网时代迈进。房产、零售、航空酒店等传统行业加速拥抱移动互联网，借助移动端拓展业务模式，通过移动端丰富客户渠道，深入了解客户诉求，挖掘更深层次的商业价值。在“互联网+”的战略引导下，政府应用不断涌现，用户对关乎民生的服务型应用需求强烈，相应应用的用户覆盖量增长较快，从民生角度切入是政府部门推进“智慧政务”的途径之一。行业巨头加速在不同新兴应用领域或智能硬件领域的布局，加速业务的跨界与整合，构建各自的移动端业务“生态圈”成为企业的普遍目标。

在网络电商平台常态化促销推广和物流效率提高的背景下，我国用户已经养成通过移动终端购物下单的习惯：截至2018年12月底，我国移动电商用户达到6.08亿人；2019年，我国移动电商用户预计将突破7亿人，增至7.13亿人。随着天猫和京东移动电商平台之间日趋激烈的竞争，对于商家的争夺和条款越来越多地影响商家在大平台上的自由度，在此情况下，商家选择自建独立的移动电商平台，能更好地满足用户的个性需求。因此，谋求更大的发展空间已经逐渐成为各个商家未来发展的新思路。电商服务流程如图1-17所示。

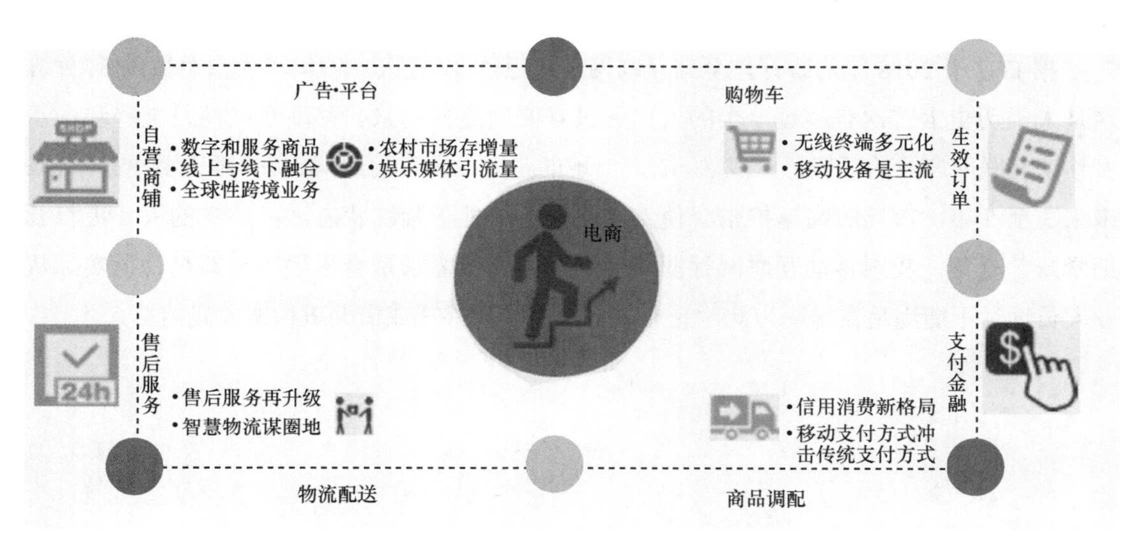

图1-17 电商服务流程

1.5.3 移动互联网行业的人才需求

随着移动互联网业务的高速发展，对于移动互联网专业人才的社会需求正喷薄而出，移动互联网专业人才特别是高端人才日益紧俏。在国家政策的扶持和推动下，大型互联网企业进入资源整合期，在频繁重组的过程中，大量新兴岗位产生，人才缺口巨大。移动互联网行业成为敢于创新、具备跨专业复合能力，以及能够捕捉和满足个性化需求能力的优秀毕业生的创业摇篮。

另外，随着国内4G产业的兴起，大量基于移动互联网的增值业务迅速发展。4G的特点就是互联网技术与移动通信技术相结合，这一特点使兼具互联网技术和移动通信技术的“双料”人才变得格外“吃香”。但现实的困境是，从业者绝大多数只懂互联网或者电信网，具备两方面知识的人员少之又少。各运营商长期以来经营较为单一的语音和数据业务，所培养的人才业务经验单一。4G、IPTV、VoLTE等的出现不仅需要运作种类繁多的业务，还需要维护共同的网络业务平台，管理控制整条产业链，因此，培养多业务管理人才迫在眉睫。同时，移动互联网硬件设备的开发创新一直以来面临着极大的挑战，而随着硬件的创新，应用技术需要跟进以保证移动终端的适配性。此外，移动电子商务期待着转型后的人才来挖掘新流通领域中产生的无限价值。

随着移动智能终端的广泛普及，移动应用领域进入急速发展阶段，吸引了大量资本，涌现出大量的商业、技术和产品的创新。各大手机端应用商店的出现，让用户可以一键下载或购买应用，不仅极大方便了用户，也使应用开发商的产品能实现全球化销售。未来10年，IT领域最大的市场必将是移动互联网市场，其用户规模会在现有的基础上出现又一次的飞跃，移动上网设备的数量将是PC的10倍以上。

据ITU于2018年的统计，全球互联网用户已达39亿人，占世界人口总数的51.2%，这是人类历史上首次有超过一半的人口通过互联网连接起来。移动互联网发展趋势预示着移动互联网产业的环境已经成熟，随之出现的是人才缺口问题，高级管理人员更是紧俏。未来3至5年，市场的高速扩张会使人才数量持续处于紧缺状态，高质量的人才更将长期紧缺。近年，我国移动互联网行业的应用开发人员需求量会出现历史新高，但实际从业人员远远不能满足需求，为此，企业大多采用主动寻找或借助机构的方式招募人才。

项目 2

移动互联技术

 项目引入

新生科技力量不断融入移动互联网行业的生态圈，物联网、云计算、大数据、人工智能、虚拟现实成为主流趋势，为移动应用服务及模式创新注入新的动力，同时也带来新的机遇。

根据移动互联网行业人才岗位的需求，Java、Android、运维、PHP、大数据相关、JavaScript 等都是移动互联技术方向的热门岗位。在本项目中，读者需要了解移动互联技术方向的知识体系，包括移动互联 Web 前端的开发、移动互联后台的设计与开发、移动互联 Android 应用设计与开发、移动互联系统运维等知识。

知识图谱

项目 2 知识图谱如图 2-1 所示。

【教学课件二维码】

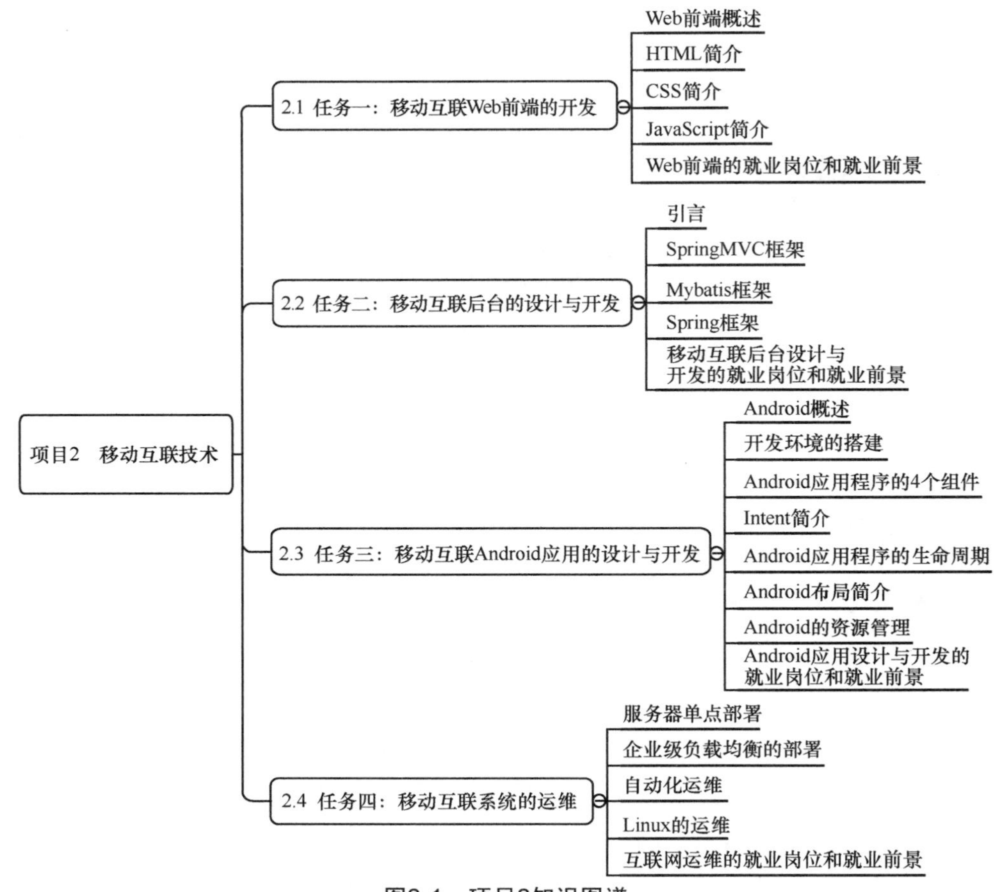

图2-1　项目2知识图谱

2.1　任务一：移动互联 Web 前端的开发

【任务描述】

前端开发的入门门槛其实相对较低，与服务器端语言先慢后快的学习节奏相比，前端开发的学习节奏是先快后慢。所以，对于从事 IT 工作的人来说，前端开发是个不错的切入点。Web 前端开发技术包括 3 个要素：HTML、CSS 和 JavaScript。随着 RIA 的流行和普及，Flash/Flex、Silverlight、XML 和服务器端语言也是前端开发工程师应该掌握的。随着时代的发展，前端开发技术的三要素也演变成为现今的 HTML5、CSS3 和 jQuery。到底什么是 HTML、CSS、和 JavaScript？下面，我们在这次的任务中进行了解。

【知识要点】

1. HTML

① HTML（HyperText Markup Language，超文本标记语言）是用来描述网页的一种语言；

② HTML 不是一种编程语言，而是一种标记语言；

③ HTML 使用标记标签来描述网页；

④ HTML 文档包含了 HTML 标签及文本内容。

2. CSS

① CSS（Cascading Style Sheets）指的是层叠样式表；

② 样式定义如何显示 HTML 元素；

③ 把样式添加到 HTML 中是为了解决内容与表现分离的问题；

④ 外部样式表可以极大地提高工作效率。

3. JavaScript

JavaScript 是世界上流行的脚本语言，电脑、手机、平板上的所有的网页，以及无数基于 HTML5 的手机 App 的交互逻辑都是由 JavaScript 驱动的。

2.1.1 Web前端概述

（1）Web 前端的开发

简单来说，Web 前端的开发主要是利用（X）HTML、CSS 和 JavaScript 等各种 Web 技术进行客户端产品（浏览器端）的开发。

（2）Web 前端开发的重要性

前端都是直面用户的，是一个系统的门户。前端设计的好坏直接决定了用户体验效果的好坏，前端效果是系统美感和基于用户体验的展现，更是企业实力的呈现。一个系统的功能设计得再强大，如果没有一个优秀的前端展现，也是失败的，由此可见 Web 前端开发的重要性。

（3）Web 前端开发所涉及的相关技术

随着前端的不断发展，其所涉及的开发技术及框架也越来越多，基本是基于 HTML（结构层）、CSS（表示层）和 JavaScript（行为层）的。

2.1.2 HTML简介

HTML 是一种用于创建网页的标准标记语言。我们可以使用 HTML 来创建自己的 Web 站点，HTML 运行在浏览器上，由浏览器来解析。

1. HTML

① HTML 是用来描述网页的一种语言；

② HTML 不是一种编程语言，而是一种标记语言；

③ HTML 使用标记标签来描述网页；

④ HTML 文档包含了 HTML 标签及文本内容。

2. HTML 标签

HTML 含有大量的标签，每种标签在浏览器下呈现不同的表现形式。

① HTML 标签是由尖括号包围的关键词，比如 <html>；

② HTML 标签通常是成对出现的，比如 <b> 和 </b>；

③ 标签对中的第一个标签是开始标签，第二个标签是结束标签；

④ 开始标签和结束标签也被称为开放标签和闭合标签。

3. HTML 网页基本结构及解析

实例如下。

```
<!DOCTYPE html>
<html>
   <head>
            <meta charset= "utf-8">
            <title>HTML 基本结构示例 </title>
   </head>
   <body>
            <h1> 我的第一个标题 </h1>
            <p> 我的第一个段落。</p>
   </body>
</html>
```

解析：

① <!DOCTYPE html> 声明为 HTML5 文档；

② <html> 元素是 HTML 页面的根元素；

③ <head> 元素包含了文档的元（meta）数据，如 <meta charset="utf-8" > 定义网页编码格式为 utf-8；

④ <title> 元素描述了文档的标题；

⑤ <body> 元素包含了可见的页面内容；

⑥ <h1> 元素定义一个大标题；

⑦ <p> 元素定义一个段落。

4. HTML 版本

从网络诞生到目前，出现了许多的 HTML 版本，其演变如图 2-2 所示。

版本	发布时间
HTML	1991年
HTML+	1993年
HTML 2.0	1995年
HTML 3.2	1997年
HTML 4.01	1999年
XHTML 1.0	2000年
HTML5	2012年
XHTML5	2013年

图2-2 HTML版本演变

5. HTML5 的新特性

HTML5 是下一代的 HTML，并将成为 HTML、XHTML 以及 HTML DOM 的新标准。HTML5 中加入了一些有趣的新特性：

① 用于绘画的 canvas 元素；

② 用于媒介回放的 video 和 audio 元素；

③ 更好地支持本地离线存储；

④ 新的特殊内容元素，如 article、footer、header、nav、section；

⑤ 新的表单控件，如 calendar、date、time、email、url、search。

案例：扫二维码详细了解。

2.1.3 CSS简介

为了满足页面设计者的要求，HTML 添加了很多显示功能，但是随着这些功能的增加，

HTML 变得越来越杂乱，而且 HTML 页面也越来越臃肿，于是 CSS 诞生了。CSS 为 HTML 标记语言提供了一种样式描述，定义了其中元素的显示方式。CSS 在 Web 设计领域是一个突破，利用它可以实现修改一个小的样式更新与之相关的所有页面元素。

1. CSS

① CSS 指的是层叠样式表；

② 样式定义如何显示 HTML 元素；

③ 把样式添加到 HTML 中是为了解决内容与表现分离的问题；

④ 外部样式表可以极大地提高工作效率。

2. CSS 的特点

（1）丰富的样式定义

CSS 提供了丰富的文档样式外观，以及设置文本和背景属性的能力；允许为任何元素创建边框；允许指定元素边框与其他元素间的距离；允许指定元素边框与元素内容间的距离；允许随意改变文本的大小写方式、修饰方式以及其他页面效果。

（2）易于使用和修改

CSS 可以将样式定义在 HTML 元素的 style 属性中，也可以将其定义在 HTML 文档的 header 部分，还可以将样式声明在一个专门的 CSS 文件中，以供 HTML 页面引用。总之，CSS 样式表可以将所有的样式声明统一存放，进行统一管理。

另外，我们可以将相同样式的元素进行归类，使用同一个样式进行定义，也可以将某个样式应用到所有同名的 HTML 标签中，还可以将一个 CSS 样式指定到某个页面元素中。如果要修改样式，我们只需要在样式列表中找到相应的样式声明进行修改即可。

（3）多页面应用

CSS 样式表可以单独存放在一个 CSS 文件中，这样我们就可以在多个页面中使用同一个 CSS 样式表。CSS 样式表理论上不属于任何页面文件，任何页面文件都可以引用它，这样就可以实现多个页面风格的统一。

（4）层叠

简单地说，层叠就是对一个元素多次设置同一个样式，使用最后一次设置的属性值。例如，对一个站点中的多个页面使用了同一套 CSS 样式表，而某些页面中的某些元素想使用其他样式，就可以针对这些样式单独定义一个样式表并应用到页面中。这些后来定义的样式将对前面的样式设置进行重写，我们在浏览器中看到的将是最后设置的样式效果。

（5）页面压缩

在使用 HTML 定义页面效果的网站中，往往需要大量或重复的表格和 font 元素形成各种规格的文字样式，这样做的后果就是会产生大量的 HTML 标签，从而增加页面文件的容量。而将样式的声明单独放到 CSS 样式表中，可以大大地减小页面的体积，这样在加载页面时使用的时间也会大大缩短。另外，CSS 样式表的复用更大程度地缩减了页面的体积，缩短了下载的时间。

3. CSS 的基础语法

CSS 的规则如图 2-3 所示。

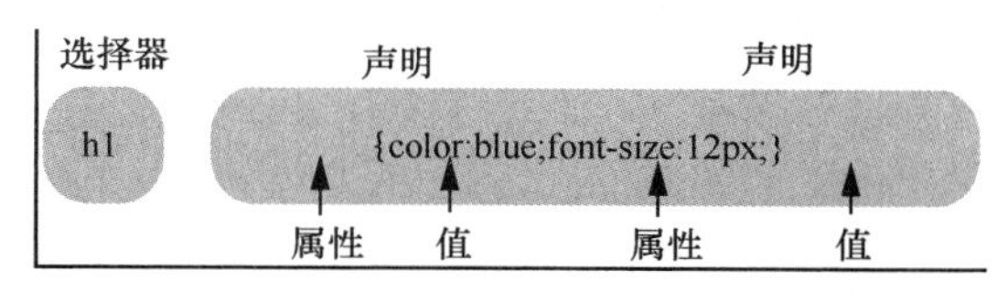

图2-3　CSS的规则

CSS 的规则由两个主要的部分构成：选择器以及一条或多条声明。每条声明由一个属性和一个值组成。属性是我们希望设置的样式属性，每个属性有一个值，属性和值以冒号分开。CSS 声明总是以分号（;）结束，声明组以大括号（{}）括起来，具体格式如下所示。

```
body {
    color: #000;
    background: #fff;
    margin: 0;
    padding: 0;
    font-family: Georgia, Palatino, serif;
}
```

4. CSS 样式表的分类

CSS 样式表根据位置的不同分为 3 种类型：外部样式表、内部样式表、内联样式表。

（1）外部样式表

外部样式表将 CSS 样式规则与 HTML 结构分离，单独存放在 CSS 文件中。

（2）内部样式表

内部样式表同样实现了 CSS 样式规则与 HTML 结构的分离，只不过 CSS 样式规则位于 HTML 文档的 <style> 元素中。

（3）内联样式表

内联样式表将 CSS 样式规则与 HTML 标签紧密结合，CSS 样式规则被放在 HTML

标签的 style 属性中。

5. CSS 常用框架简介

随着 CSS3 和 HTML5 的流行，Web 页面不仅需要更人性化的设计理念，而且需要更酷的页面特效和良好的用户体验。作为开发者，我们需要了解一些宝贵的 CSS UI 开源框架资源，它们可以帮助我们更快更好地实现一些现代化的界面效果。

（1）Bootstrap

Bootstrap 是由 Twitter 推出的 Web 前端 UI 框架，它由 Twitter 的设计师 Mark Otto 和 Jacob Thornton 合作开发，是一个 CSS/HTML 框架。它使用了最新的浏览器技术，提供时尚的排版样式、表单、buttons、表格、网格系统等。

（2）jQuery UI

jQuery UI 是一款基于 jQuery 的开源 JavaScript 框架，jQuery UI 框架主要提供了用户交互、动画、特效和可更换主题的可视控件，让开发者可以更方便地实现网页交互界面。jQuery UI 的整个框架比较庞大，我们可以根据自己需要使用的功能生成适合自己的框架底层。

案例：扫二维码详细了解。

2.1.4 JavaScript简介

JavaScript 是世界上流行的脚本语言，电脑、手机、平板上的所有的网页，以及无数基于 HTML5 的手机 App 的交互逻辑都是由 JavaScript 驱动的。

1. 为什么要学习 JavaScript

在 Web 的世界里，只有 JavaScript 能跨平台、跨浏览器驱动网页，与用户交互。Flash 背后的 ActionScript 曾经流行过一段时间，不过随着移动应用的兴起，没有人再用 Flash 开发手机 App，所以它渐渐被边缘化了。相反，随着 HTML5 在 PC 和移动端越来越流行，JavaScript 变得更加重要了；并且，新兴的 Node.js 把 JavaScript 引入了服务器端，JavaScript 已经变成了“全能型选手”。

2. JavaScript 的历史

要了解 JavaScript，我们首先要回顾一下 JavaScript 的诞生。1995 年，当时的网景公司凭借其 Navigator 浏览器成为 Web 时代开启时著名的第一代互联网公司。网景公司希望能在静态 HTML 页面上添加一些动态效果，于是在两周之内设计出了 JavaScript 语言。

为什么起名叫 JavaScript 呢？因为当时 Java 语言非常红火，所以网景公司希望借 Java 的名气来推广，但事实上 JavaScript 除了语法上有点像 Java，其他部分基本上没有什么关系。

3. ECMAScript

因为网景开发了 JavaScript，一年后微软模仿 JavaScript 开发了 JScript，为了让 JavaScript 成为全球标准，几个公司联合 ECMA（European Computer Manufacturers Association，欧洲计算机制造联合会）组织制定了 JavaScript 语言的标准，这个标准被称为 ECMAScript 标准。所以简单来说，ECMAScript 是一种语言标准，而 JavaScript 是网景公司对 ECMAScript 标准的一种实现。

为什么不直接把 JavaScript 定为标准呢？因为 JavaScript 是网景的注册商标。不过大多数时候，我们还是用 JavaScript 这个词。如果你遇到 ECMAScript 这个词，简单把它替换为 JavaScript 就行了。

4. JavaScript 版本

JavaScript 语言是在两周内设计出来的，虽然设计者的水平非常高，但在如此短的时间内 JavaScript 还存在有很多设计缺陷。此外，由于 JavaScript 的标准——ECMAScript 在不断发展，ECMAScript 6 标准（最新版，简称 ES6）已经在 2015 年 6 月被正式发布了，因此，JavaScript 的版本实际上就是其实现的 ECMAScript 标准的版本。

5. JavaScript 的用法

第一种方法是直接在网页中嵌入 JavaScript 代码，通常我们都把 JavaScript 脚本放到 <head> 中，而且脚本必须位于 <script> 与 </script> 标签之间，示例如图 2-4 所示。

```
<html>
<head>
  <script>
    alert('Hello, world');
  </script>
</head>
<body>
  ...
</body>
</html>
```

图2-4　在HTML中嵌入JavaScript

第二种方法是把 JavaScript 代码放到一个单独的 .js 文件中，然后在 HTML 中通过 <script src= “...” ></script> 引入这个文件，把 JavaScript 代码放入一个单独的 .js 文件中更利于维护代码，并且多个页面可以各自引用同一份 .js 文件，示例如图 2-5 所示。

```
<html>
<head>
  <script src="/static/js/abc.js"></script>
</head>
<body>
  ...
</body>
</html>
```

图2-5 在HTML中引入单独的js文件

6. 现阶段主流 JavaScript 框架简介

现阶段，各种 JavaScript 框架层出不穷，极大地提高了我们的开发效率，到底应该选择哪种框架，程序员之间并没有一致的意见，每个人都有不同的想法。现在我们通过下面的几张图来看看几种主流框架的特点，进而选择适合自己的框架。Angular.js 的特点如图 2-6 所示，React.js 的特点如图 2-7 所示，Vue.js 的特点如图 2-8 所示，Meteor.js 的特点如图 2-9 所示。

AngularJ.js 由Google开发，2009年首次发布

- 很流行的前端框架
- 使用Angular.js创建第一个UI，成本很低
- 对于团队来说，AngularJ.js有许多很棒的工具可用
- 很适合创建一个快速、混合型复杂的解决方案
- 比起React，更合适于创建小型企业级应用
- 由Google负责维护基础包

图2-6 Angular.js的特点

React.js 由Facebook开发，2013年发布了第一个BSD license的开源版本

- 很容易扩展
- 状态可预测（更小的规模）
- 很适合大型的前端项目
- 相对较小的API
- 持续重复渲染的组件为日益增加的复杂性提供了有效的支撑

图2-7 React.js的特点

Vue.js 由Evav you开发，2014年发布

- 具有非常简单的API
- 可选择性添加模块
- 易于被开发者接纳
- 易于与其他库和工程集成
- 可通过两种数据绑定的方式更新模型和视图
- 适合大型的应用

图2-8 Vue.js的特点

Meteor.js 由Meteor团队开发，2012年发布

- 快速
- 适合小型响应式应用
- 是一个全栈框架
- 能够在浏览器上根据数据的刷新进行实时渲染
- 能够与Apache Cordova集成
- 能得到很好的支持

图2-9 Meteor.js的特点

案例：扫二维码详细了解。

2.1.5 Web前端的就业岗位和就业前景

Web 前端能够分出来的具体职位其实是很多的，如果你选择学习 Web 前端，那么就业方向以及选择空间就会很广阔，将来可以在以下岗位选择：网页设计师、网页制作工程师、前端制作工程师、网站重构工程师、前端开发工程师以及前端架构师。

那么，前端开发行业的薪资水平究竟是怎样的呢？我们先用 3 个数据了解一下。Web 前端开发行业薪资的区间占比如图 2-10 所示。

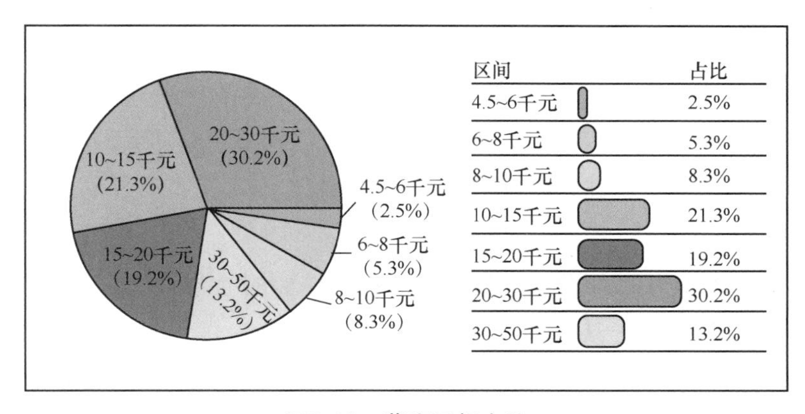

图2-10 薪资区间占比

2.2 任务二：移动互联后台的设计与开发

【任务描述】

“工欲善其事，必先利其器”，我们想要使用框架进行软件开发，那么就要先学习什么是框架，什么是最佳实践，什么又是 Web 中的最佳实践，只有对框架有了一定的了解，我们才能得心应手地运用它。下面的 3 个框架都是轻量级的框架，大家只需认真学习即可，那么接下来就让我们一起来学习吧。

【知识要点】

1. 什么是框架。

2. 什么是最佳实践。

3. Web 中的最佳实践。

4. 3 个框架：SpringMVC 框架、Mybatis 框架、Spring 框架。

5. Web 后台的就业岗位和就业前景。

2.2.1 引言

1. 框架

框架是一系列 jar 包，本质是对 JDK 功能的扩展。框架是一个组程序的集合，包含了一系列的最佳实践，作用是解决某一个领域的问题。

2. 最佳实践

最佳实践实际上是无数程序员经历过无数次尝试后，总结出来的处理特定问题的方法。如果把程序员的自由发挥看作是一条通往成功的途径，那么最佳实践就是其中的最短路径，能极大地解放生产力。

最佳实践三要素：可读性、可维护性、可拓展性。

3. Web 中的最佳实践

Web 开发中的最佳实践：分层开发模式（技术层面的“分而治之”）。

JavaEE 开发根据职责从纵向可分为表现层、业务层、持久层。表现层（Web/MVC 层）负责处理与界面交互的相关操作，代表框架：Struts2/SpringMVC/EasyJWeb；业务层（Service 层）负责复杂的业务逻辑计算和判断，代表框架：Spring；持久层（DAO 层）负责将业务逻辑数据进行持久化存储，代表框架：Hibernate、MyBatis（iBatis）。

2.2.2 SpringMVC框架

1. SpringMVC 简介

SpringMVC 是基于 MVC 模式的一个框架，它可以解决 Web 开发中常见的问题（参数接收、文件上传、表单验证、国际化等），使用简单，能够与 Spring 无缝集成。目前很多公司都采用 SpringMVC 框架。

2. SpringMVC 的入门程序

开发步骤：

① 创建 Dynamic Web 项目，项目名叫 springmvc_demo；

② 导入 springmvc 的 jar 包，如图 2-11 所示。

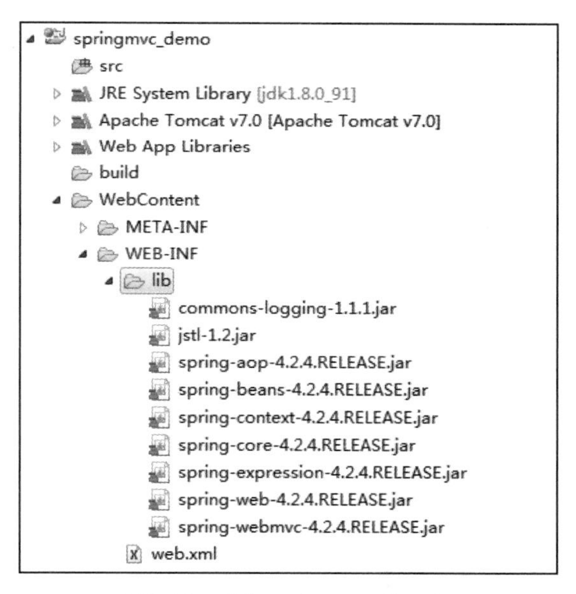

图2-11 导入springmvc的jar包

③ 编写 TestController 类的代码如下：

【代码 2-1】 编写 TestController 类

```
@Controller
public class HelloControll {

    //@RequestMapping 用于绑定请求地址
    @RequestMapping ("hello")
    public ModelAndView hello (){
        System.out.println ("hello springmvc...");
```

```
        ModelAndView modelAndView = new ModelAndView( );
        // 设置模型数据，用于传递到 jsp
        modelAndView.addObject ("msg", "hello springmvc");
        // 设置视图名字，用于响应给用户
        modelAndView.setViewName ("/WEB-INF/jsp/hello.jsp");
        return modelAndView;
    }
}
```

④ 创建 hello.jsp 页面的代码如下：

【代码 2-2】 创建 hello.jsp 页面

```
<%@ page language="java" contentType="text/html; charset=UTF-8"
    pageEncoding="UTF-8"%>
<!DOCTYPE html PUBLIC "-//W3C//DTD HTML 4.01 Transitional//EN" "http://www.w3.org/
TR/html4/loose.dtd">
<html>
<head>
<meta http-equiv="Content-Type" content="text/html; charset=UTF-8">
<title> 输出提示 </title>
</head>
<body>
    ${msg}
</body>
</html>
```

⑤ 创建与配置 springmvc.xml 核心文件的代码如下：

【代码 2-3】 创建与配置 springmvc.xml 核心文件

```
<?xml version="1.0" encoding="UTF-8"?>
<beans xmlns="http://www.springframework.org/schema/beans"
    xmlns:xsi="http://www.w3.org/2001/XMLSchema-instance"
    xmlns:p="http://www.springframework.org/schema/p"
    xmlns:context="http://www.springframework.org/schema/context"
    xmlns:mvc="http://www.springframework.org/schema/mvc"
    xsi:schemaLocation="http://www.springframework.org/schema/beans
                        http://www.springframework.org/schema/beans/spring-beans-4.0.xsd
                        http://www.springframework.org/schema/mvc
                        http://www.springframework.org/schema/mvc/spring-mvc-4.0.xsd
                        http://www.springframework.org/schema/context
```

```
                http://www.springframework.org/schema/context/spring-context-4.0.xsd ">

    <!-- 配置 @Controller 处理器，用于开启注解扫描 -->
    <context:component-scan base-package= "com.huatec.edu.controller" />
</beans>
```

⑥ 在 web.xml 中配置前端控制器的代码如下：

【代码 2-4】 在 web.xml 中配置前端控制器

```
<!-- 核心控制器的配置 -->
<servlet>
    <servlet-name>springmvc</servlet-name>
    <servlet-class>org.springframework.web.servlet.DispatcherServlet</servlet-class>
    <!-- 加载 springmvc 核心配置文件 -->
        <init-param>
            <param-name>contextConfigLocation</param-name>
            <param-value>classpath:springmvc.xml</param-value>
        </init-param>
    </servlet>
    <servlet-mapping>
        <servlet-name>springmvc</servlet-name>
        <url-pattern>*.action</url-pattern>
    </servlet-mapping>
```

⑦ 启动项目通过浏览器测试。

2.2.3 Mybatis框架

1. Mybatis 简介

Mybatis 是支持普通 SQL 查询、存储和高级映射的优秀持久层框架。Mybatis 消除了几乎所有的 JDBC 代码和参数的手工设置以及结果集的检索。Mybatis 使用简单的 XML 或注解用于配置和原始映射，将接口和 Java 的 POJO 映射成数据库中的记录。

Mybatis 的前身是 iBatis，Mybatis 在 iBatis 的基础上对代码结构进行了大量的重构和简化。

2. Mybatis 的入门程序

需求：根据用户 ID 查询用户信息（User）。

① 将相关的 jar 包放在 WebContent/WEB/INF/lib 下。

② 创建 entity 实体类（User）。

③ 在 src 下新建一个同级目录 resource，将 mybatis 的配置文件 SqlMapConfig.xml 放入的代码如下：

【代码 2-5】 配置文件 SqlMapConfig.xml

```
<?xml version="1.0" encoding="UTF-8"?>
<!DOCTYPE configuration
PUBLIC "-//mybatis.org//DTD Config 3.0//EN"
"http://mybatis.org/dtd/mybatis-3-config.dtd">

<configuration>
   <!-- 引用 db.properties 配置文件 -->
   <properties resource="db.properties" />

   <environments default="default">
       <environment id="default">
           <transactionManager type="JDBC" />
           <dataSource type="POOLED">
               <property name="driver" value="${driver}"/>
               <property name="url" value="${url}"/>
               <property name="username" value="${username}"/>
               <property name="password" value="${password}"/>
           </dataSource>
       </environment>
   </environments>
</configuration>
```

④ 创建 entity 的 mapper 文件（UserMapper.xml）的代码如下：

【代码 2-6】 创建 entity 的 mapper 文件

```
<!— id:statementId, resultType: 查询结果集的数据类型  parameterType: 查询的入参 -->
<select id="getUserById"
          parameterType="long”resultType="com.huatec.edu.entity.User">
   SELECT * FROM USER WHERE id = #{id}
</select>
```

⑤ API 开发的代码如下：

【代码 2-7】 API 开发

```
@Test
public void testGetUserById ( )throws IOException {
```

```
        // 创建 SqlSessionFactoryBuilder 对象
        SqlSessionFactoryBuilder sfb = new SqlSessionFactoryBuilder ( );
        // 查找配置文件，创建输入流
        InputStream in = Resources.getResourceAsStream ("SqlMapConfig.xml");
        // 加载配置文件，创建 SqlSessionFactory 对象
        SqlSessionFactory sqlSessionFactory = sfb.build (in);
        // 创建 SqlSession 对象
        SqlSession sqlSession = sqlSessionFactory.openSession ( );
        // 执行查询，参数一：要查询的 statementId , 参数二：sql 语句入参
        User user = sqlSession.selectOne ("user.getUserById", 1);
        // 输出查询结果
        System.out.println (user);
        // 释放资源
        sqlSession.close ( );
    }
```

3. 入门示例的拓展

① 抽取出 MybatisUtils 工具类，共享 SqlSessionFactory 创建过程的代码如下：

【代码 2-8】 共享 SqlSessionFactory 创建过程

```
public class MybatisUtils {

    private static SqlSessionFactory sessionFactory;
    static {
        SqlSessionFactoryBuilder sfb = new SqlSessionFactoryBuilder ( );
        try {
            InputStream in = Resources.getResourceAsStream ("SqlMapConfig.xml");
            // 加载配置文件，创建 SqlSessionFactory 对象
            sessionFactory = sfb.build (in);
        } catch (Exception e ){
            e.printStackTrace ();
        }
    }
    // 获取单例 SqlSessionFactory
    public static SqlSessionFactory getSqlSessionFactory ( ){
        return sessionFactory;
    }
}
```

② 为类型添加别名的代码如下：

【代码 2-9】 为类型添加别名

```
<!-- 给指定类型起个别名 -->
    <typeAliases>
        <typeAlias type="com.huatec.edu.entity.User" alias="User"/>
    </typeAliases>
```

2.2.4 Spring框架

1. Spring 简介

Spring 是一个开放源代码的设计层面框架，解决的是业务逻辑层和其他各层的松耦合问题，因此它将面向接口的编程思想贯穿整个系统应用。Spring 是于 2003 年兴起的一个轻量级的 Java 开发框架，由 Rod Johnson 创建。简单来说，Spring 是一个分层的 JavaSE/EE full-stack（一站式）轻量级开源框架。

在企业开发中，前端和持久化层可以替换的技术有很多，但是业务层基本都使用 Spring 框架。Spring 框架如图 2-12 所示。

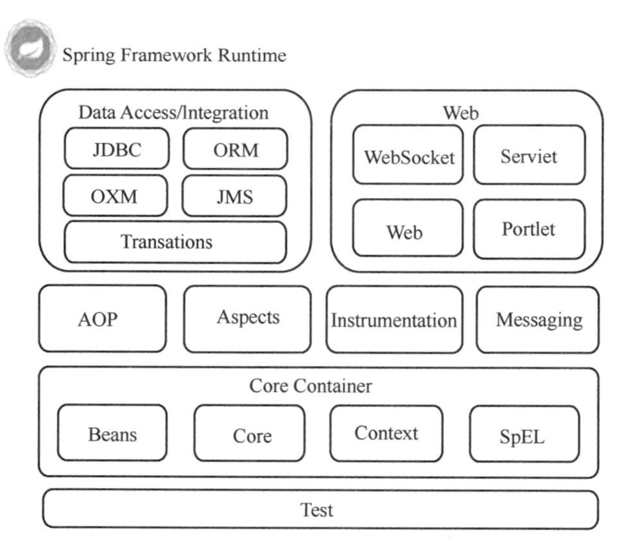

图2-12 Spring框架

2. Spring 的入门（IoC）

① IoC（Inversion of Control，控制反转）是面向对象编程中的一种设计原则，可以用来降低计算机代码之间的耦合度，也是轻量级的 Spring 框架的核心，简单地说，就是把对象的实例化工作交给容器来完成。装对象的一个集合称为容器，这里的容器就是 Spring。

② 下载 Spring。

③ 解压 Spring 的开发包，如图 2-13 所示。

名称	修改日期	类型	大小
docs	2015/12/17 0:59	文件夹	
libs	2016/11/12 9:26	文件夹	
schema	2015/12/17 0:59	文件夹	
license.txt	2015/12/17 0:43	文本文档	15 KB
notice.txt	2015/12/17 0:43	文本文档	1 KB
readme.txt	2015/12/17 0:43	文本文档	1 KB

图2-13　解压Spring的开发包

④ 创建 Web 项目，引入 jar 包，如图 2-14 所示。

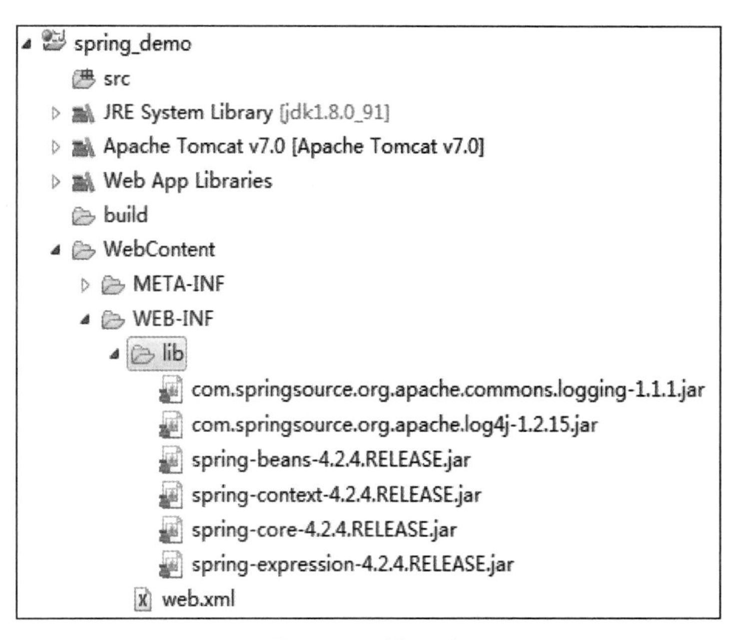

图2-14　引入jar包

⑤ 创建接口和类。

创建接口和类的代码如下：

【代码 2-10】　创建接口和类

```
// 用户管理业务层接口
public interface UserDao {
    public void show ( );
}
```

```
// 用户管理业务层接口实现类
public class UserDaoImpl implements UserDao{
    public void show (){
        System.out.println ("UserDao 执行了 ...");
    }
}
```

⑥ 将实现类交给 Spring 来管理。

在 Spring 的根目录 \docs\spring-framework-reference\html\xsd-configuration.html 中寻找 Spring 的 beans 的 schema 文件。Spring 配置文件的代码如下：

【代码 2-11】 Spring 配置文件

```
<?xml version="1.0" encoding="UTF-8"?>
<beans xmlns="http://www.springframework.org/schema/beans"
    xmlns:xsi="http://www.w3.org/2001/XMLSchema-instance"
    xsi:schemaLocation="http://www.springframework.org/schema/beans
                        http://www.springframework.org/schema/beans/spring-beans.xsd">

    <!-- Spring 的入门配置 -->
    <bean id="userDao" class="com.huatec.edu.dao.impl.UserDaoImpl"></bean>
</beans>
```

⑦ 编写测试类。

测试类的代码如下：

【代码 2-12】 测试类

```
/**
 * Spring 的入门
 */
public class SpringDemo {
    //Spring 方式调用
    @Test
    public void testSpring (){
    // 创建 Spring 的工厂
    ApplicationContext ctx =
new ClassPathXmlApplicationContext ("applicationContext.xml");
    UserDao userDao = (UserDao) ctx.getBean ("userDao");
    userDao.show ();
    }
}
```

3. SpringDI

DI（Dependence Inject，依赖注入）的前提是必须要有 IoC 的环境，Spring 容器管理这个类（UserDaoImpl）的时候会注入（设置）该类所依赖的属性。

在用户管理实现类中加一个成员变量 name，演示 DI 的代码如下：

【代码 2-13】 UserDaoImpl 实现类

```
public class UserDaoImpl implements UserDao{
    private String name;

    public void setName (String name){
        this.name = name;
    }
    public void show (){
        System.out.println ("UserDao 执行了 ..." + name);
    }
}
```

Spring 配置文件的代码如下（此时，name 的值由 Spring 容器注入）：

【代码 2-14】 在 Spring 配置属性 name

```
<?xml version="1.0" encoding="UTF-8"?>
<beans xmlns="http://www.springframework.org/schema/beans"
    xmlns:xsi="http://www.w3.org/2001/XMLSchema-instance"
    xsi:schemaLocation="http://www.springframework.org/schema/beans
                        http://www.springframework.org/schema/beans/spring-beans.xsd">

    <!-- Spring 的入门配置 -->
    <bean id="userDao" class="com.huatec.edu.dao.impl.UserDaoImpl">
        <property name= "name" value=" 张三 " />
    </bean>
</beans>
```

2.2.5 移动互联后台设计与开发的就业岗位和就业前景

1. 就业岗位

初级开发工程师（0~1 年）、中级开发工程师（1~2 年）、高级开发工程师（2~3 年）、系统架构师（3~5 年）、项目经理（5~8 年）、项目总监（8~10 年）、首席架构师（10+ 年）。

注：每个岗位后面括号里对应的是软件开发年限。

2. 就业前景

社会上对 Java 人才的需求量较大，IDC 的数据显示，在所有软件开发类人才的需求中，Java 工程师的需求量达到全部需求量的 60%~70%。同时，Java 工程师的薪资相对较高。

通常来说，具有 3~5 年开发经验的工程师，拥有 10 万元年薪是很正常的一个薪酬水平。

2.3 任务三：移动互联 Android 应用的设计与开发

【任务描述】

开发一个 Android 项目，涉及的知识面比较广泛，本次任务将讲解 Android 开发的基础知识。

【知识要点】

Android 应用程序有四大组件，具体如下。

1. Activity：表示具有用户界面的单一屏幕，用来描述 UI，并处理用户与机器屏幕的交互。

2. Service：一种在后台运行的组件，用于执行长时间运行的操作或为远程进程执行作业，Service 不提供用户界面。

3. ContentProvider：管理一组共享的应用数据。

4. BroadcastReceiver：一种用于响应系统范围广播通知的组件，许多广播都是由系统发起的，应用也可以发起广播。

2.3.1 Android概述

Android 以其独有的魅力，在短短的几年内迅速崛起，占据了手机市场的半壁江山。Android 是以 Linux 和 Java 为基础的开放源代码操作系统，主要应用于便携设备。Android 早期是由 Andy Rubin 创立的高科技企业公司开发的一款操作系统，该公司免费向其他公司开放源码和 App 环境。2005 年 8 月 17 日，Google 公司收购了该公司并保留其原有的 Android 开发团队，并由 Google 公司和开放手持设备联盟（Open Handset Alliance，OHA）共同进行开发与领导。Android 系统从手机领域逐渐拓展到平板电脑及其他领域。

2.3.2 开发环境的搭建

早期进行 Android 开发都是使用介绍 Eclipse+ADT 搭建 Android 开发环境，现在其已逐渐被 Android Studio 所替代。下面我们将介绍如何搭建 Android Studio 开发环境，以及如何将项目部署到模拟器和真机上，初步领略使用 Android 开发的魅力。

1. 基本概念

（1）Android Studio

Android Studio 是基于 IntelliJ IDEA 的全新的 Android 开发环境，提供了集成的

Android 开发工具，供开发者开发和调试。Android Studio 支持 Windows、Mac、Linux 等操作系统。

（2）Gradle

Gradle 是基于 Apache Ant 和 Apache Maven 概念的项目自动化构建工具，支持大部分的 Java 语言库。Gradle 使用一种基于 Groovy 的特定领域语言声明项目设置，抛弃了基于 XML 的各种烦琐配置。Android Studio 默认采用 Gradle 作为项目构建工具。

2. Java 环境变量配置

Java 环境变量配置包括以下 4 步。

① 下载 JDK。

② 安装 JDK。

③ 环境变量配置。"我的电脑"→"属性"→"高级系统设置"→选择"高级选项卡"→单击"环境变量"按钮，在用户变量下，新建用户变量，变量名："JAVA_HOME"，变量值："C:\Program Files\Java\jdk1.8.0_91"（这个是 JDK 的安装路径）。在系统变量下寻找 Path 变量，这个是系统自带的数值，在变量值的最前面添加变量值："%JAVA_HOME%\bin;%JAVA_HOME%\jre\bin;"；在系统变量下，新建系统变量，变量名："CLASSPATH"，变量值：".;%JAVA_HOME%\lib;%JAVA_HOME%\lib\tools.jar"。

④ 检测配置是否成功：打开"cmd"窗口，输入"java –version"，如果 JDK 环境变量配置成功，会显示安装的 JDK 版本等信息。

3. Android Studio 2.0 的下载和安装

Android Studio 2.0 的下载和安装分为以下 3 步。

① 下载 Android Studio 2.0。

② 安装 Android Studio 2.0。

③ Android Studio 2.0 启动后的界面如图 2-15 所示。

图2-15 Android Studio 2.0启动后的界面

4. Android Studio 的安装目录

SDK 安装目录如图 2-16 所示。

电脑 › 本地磁盘 (D:) › Android1 › sdk

名称	修改日期	类型	大小
add-ons	2016/4/7 6:16	文件夹	
build-tools	2016/4/7 6:18	文件夹	
docs	2016/4/7 6:18	文件夹	
extras	2016/4/7 6:16	文件夹	
platforms	2016/4/7 6:18	文件夹	
platform-tools	2016/4/7 6:17	文件夹	
sources	2016/4/7 6:18	文件夹	
system-images	2016/4/7 6:16	文件夹	
tools	2016/4/7 6:17	文件夹	
.knownPackages	2016/4/7 6:18	KNOWNPACKA...	1 KB
AVD Manager.exe	2016/4/7 6:18	应用程序	217 KB
SDK Manager.exe	2016/4/7 6:18	应用程序	217 KB

图2-16　SDK安装目录

Android Studio 安装目录如图 2-17 所示。

此电脑 › 本地磁盘 (D:) › Android1 › studio

名称	修改日期	类型	大小
bin	2016/4/27 15:30	文件夹	
gradle	2016/4/27 15:30	文件夹	
lib	2016/4/27 15:30	文件夹	
license	2016/4/27 15:30	文件夹	
plugins	2016/4/27 15:30	文件夹	
build.txt	2016/4/5 16:04	文本文档	1 KB
LICENSE.txt	2016/4/5 16:05	文本文档	12 KB
NOTICE.txt	2016/4/5 16:05	文本文档	1 KB
uninstall.exe	2016/4/6 4:04	应用程序	2,303 KB

图2-17　Android Studio安装目录

5. 创建第一个项目

点击启动界面的"Start a new Android Studio project"，填写指定内容，其他默认即可，正式开发时需要按照实际情况填写。

经过以上操作后，Android Studio 将打开 IDE，并且已经生成了一个最简单的 Android 项目，如图 2-18 所示，我们可以在此基础上进行开发。

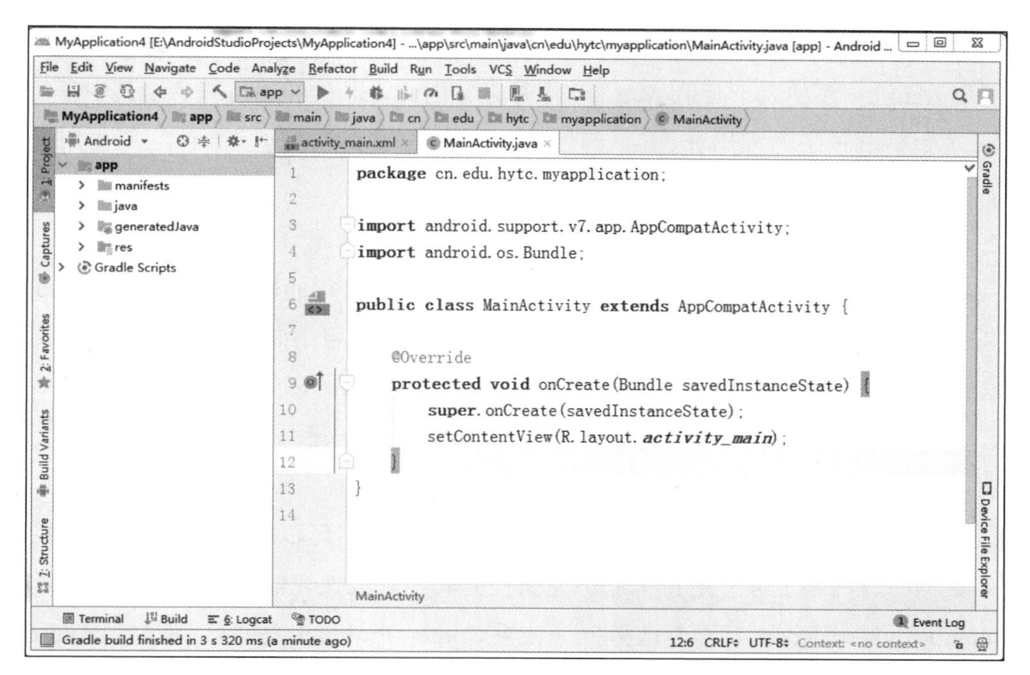

图2-18 Android项目

2.3.3 Android应用程序的4个组件

Android 应用程序组件是 Android 应用的基本构建基块，每个组件都是一个不同的点，系统可以通过这些点进入应用。Android 应用程序组件共有 4 种不同的应用组件类型，每种类型都服务于不同的目的，并且具有不同的生命周期。生命周期定义了它们是如何被创建和销毁的。

在 Android 应用程序中使用的 4 个主要组件如图 2-19 所示。

组件	描述
Activity	描述UI，并且处理用户与机器屏幕的交互
Service	处理与应用程序关联的后台操作
ContentProvider	处理数据和数据库管理方面的问题
BroadcastReceiver	处理Android操作系统和应用程序之间的通信

图2-19 Android的4个主要组件

1. Activity

Activity 表示具有用户界面的单一屏幕。例如，电子邮件应用可能具有一个显示新电子邮件列表的 Activity、一个用于撰写电子邮件的 Activity 以及一个用于阅读电子邮件的

Activity。尽管这些 Activity 通过协作在电子邮件应用中形成了一种紧密结合的用户体验，但每一个 Activity 都独立于其他 Activity 而存在。因此，其他应用可以启动其中任何一个 Activity（如果电子邮件应用允许）。例如，相机应用可以启动电子邮件应用内用于撰写新电子邮件的 Activity，以便用户共享图片。

2. Service

Service 是一种在后台运行的组件，用于执行长时间运行的操作或为远程进程执行作业。Service 不提供用户界面。例如，当用户位于其他应用中时，Service 可能在后台播放音乐或者通过网络获取数据，但不会阻断用户与 Activity 的交互。诸如 Activity 等其他组件可以启动 Service，运行或绑定 Service 以便与其进行交互。

3. ContentProvider

ContentProvider 用于管理一组共享的应用数据。我们可以将数据存储在文件系统、SQLite 数据库、网络上或应用在可以访问的任何其他永久性存储位置。其他应用可以通过 ContentProvider 查询，甚至修改数据（如果 ContentProvider 允许）。例如，Android 系统可提供管理用户联系人信息的 ContentProvider。因此，任何具有适当权限的应用都可以查询 ContentProvider 的某一部分（如 ContactsContract.Data），以读取和写入有关特定人员的信息。

ContentProvider 也适用于读取和写入应用不共享的私有数据。例如，记事本示例应用使用 ContentProvider 来保存笔记。

4. BroadcastReceiver

BroadcastReceiver 是一种用于响应系统范围广播通知的组件。许多广播都是由系统发起的，例如，通知屏幕已关闭、电池电量不足或已拍摄照片的广播。应用也可以发起广播，例如，通知其他应用某些数据已下载至设备，并且可供其使用。尽管 BroadcastReceiver 不会显示用户界面，但可以创建状态栏通知，在发生广播事件时提醒用户。BroadcastReceiver 更常见的作用是作为通向其他组件的“通道”，用于执行极少量的工作。

2.3.4 Intent简介

1. Intent

Android 中提供了 Intent 机制以协助应用间的交互与通信，Intent 负责对应用中一次操作的动作、动作涉及的数据、附加数据进行描述，Android 则根据 Intent 的描述，负责找到对应的组件，将 Intent 传递给调用的组件，并完成组件的调用。Intent 不仅可应用于程序之间，也可应用于程序内部的 Activity、Service 之间的交互。因此，Intent 起到媒体中介的作用，专门提供组件互相调用的相关信息，实现调用者与被调用者之间的解耦。

2. Intent 的类型

Intent 分为显式 Intent（直接类型）和隐式 Intent（间接类型）两种。

（1）显式 Intent

显式 Intent 直接用组件的名称定义目标组件，这种方式很直接。但是由于开发人员并不清楚别的应用程序的组件名称，因此，显示 Intent 更多用在应用程序内部传递消息。例如，在某应用程序内，一个 Activity 启动另外一个 Activity 或者 Service，可以通过以下方式实现。

```
Intent intent = new Intent（）;
intent.setClass（context, targetActivity.class）;
// 或者用 Intent intent = new Intent（context, targetActivity.class）;
startActivity（intent）;
```

（2）隐式 Intent

相比于显式 Intent，隐式 Intent 则含蓄了许多，它并不明确指出我们想要启动哪一个 Activity，而是指定了一系列更为抽象的 Action 和 Category 等信息，然后交由系统分析这个 Intent，并帮我们找出合适的 Activity 启动。

使用隐式 Intent，我们不仅可以启动自己程序内的 Activity，还可以启动其他程序的 Activity，这使得 Android 多个应用程序之间的功能共享成为了可能。例如，应用程序中需要展示一个网页，只需要调用系统的浏览器来打开这个网页即可。

2.3.5 Android应用程序的生命周期

1. Activity 的生命周期

一个 Activity 通常是一个单独的屏幕，Activity 生命周期是指 Activity 从启动到销毁的过程。系统中的 Activity 被一个 Activity 栈所管理。当一个新的 Activity 启动时，它将被放置到栈顶，成为运行中的 Activity，前一个 Activity 保留在栈中，不再放到前台，直到运行中的 Activity 退出为止。

2. Activity 的几种状态

Activity 表现为以下 4 种状态。

① 活动状态（Active or Running）：也称为运行状态，处于 Activity 栈顶，在用户界面中的最上层，完全可被用户看到，能够与用户进行交互。

② 暂停状态（Paused）：Activity 失去焦点，Activity 界面被部分遮挡，该 Activity 不再处于用户界面的最上层，且不能与用户进行交互。一个暂停状态的 Activity 依然保持活力，但是在系统内存不够用的时候将被清除。

③ 停止状态（Stopped）：Activity 在界面上完全不能被用户看到，也就是说这个 Activity 被其他 Activity 全部遮挡，虽然它依然保持所有状态和成员信息，但是它不再可见，它的窗口被隐藏。

④ 非活动状态（Killed）：当系统内存需要被用在其他地方的时候，一个停止状态的 Activity 被清除。

3. Activity 的完整生命周期

整个生命周期从 onCreate() 开始到 onDestroy() 结束。Activity 完整的生命周期如图 2-20 所示。

Activity 类中定义了 7 种回调方法，覆盖了活动生命周期的每一个环节，下面，我们一一介绍这 7 种方法。

① onCreate()：这种方法已经出现过很多次了，我们在每个活动中都重写了这个方法，它会在活动第一次创建的时候被调用。我们应该在这个方法中完成活动的初始化操作，例如加载布局、绑定事件等。

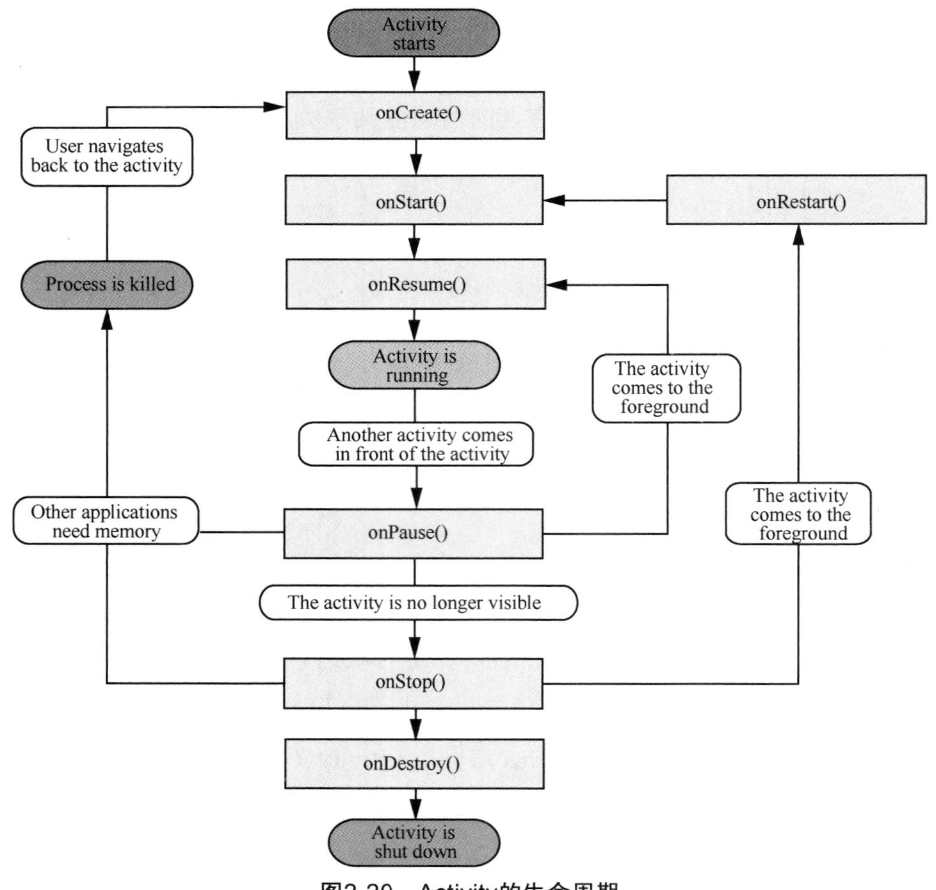

图2-20　Activity的生命周期

② onStart()：这个方法在活动中由不可见变为可见的时候调用。

③ onResume()：这个方法是在激动准备好和用户进行交互的时候调用的。此时的活动一定位于返回栈的栈顶，并且处于运行状态。

④ onPause()：这个方法在系统准备启动或者恢复另一个活动的时候调用。我们通常会在这个方法中将一些消耗 CPU 的资源翻译放掉，并保存一些关键数据，但这个方法的执行速度一定要快，不然会影响到新的栈顶活动的使用。

⑤ onStop()：这个方法在活动完全不可见的时候调用。onStop() 和 onPause() 方法的主要区别在于，如果启动的新活动是一个对话框式的活动，那么 onPause() 方法会得到执行，而 onStop() 方法并不会被执行。

⑥ onDestroy()：这个方法在活动被毁掉之前调用，之后活动的状态将变为毁掉状态。

⑦ onRestart()：这个方法在活动由停止状态变为运行状态之前调用，也就是活动被重新启动了。

2.3.6　Android布局简介

1. 布局

布局是把界面的控件按照某种规律摆放在指定的位置，主要是为了解决应用程序在不同手机中的显示问题，是应用界面开发的重要一环。

2. 常见的几种布局

Android 中，共有以下 5 种布局方式。

（1）线性布局（LinearLayout）

线性布局控件包含的子控件将以横向或竖向的方式排列，最重要的属性是 android:orientation，该属性可以指定水平方向排列还是纵向排列。

（2）帧布局（FrameLayout）

帧布局会按照添加顺序层叠在一起，默认层叠在左上角位置。

（3）表格布局（TableLayout）

表格布局按照行列方式布局组件，类似 HTML 里面的 Table。每个 TableLayout 里面有表格行（TableRow），TableRow 里面可以具体定义每个元素。

（4）绝对布局（AbsoluteLayout）

按照绝对坐标布局组件，难以实现多分辨率适配，不建议使用。

（5）相对布局（RelativeLayout）

相对布局包含的子控件将以控件之间的相对位置或者子类控件相对父容器的位置的

方式排列。其主要属性如下。

相对于某一个元素：

android:layout_below="@id/aaa" 该元素在 id 为 aaa 的下面

android:layout_toLeftOf="@id/bbb" 该元素在 id 为 bbb 的左边

相对于父元素：

android:layout_alignParentLeft="true" 与父元素左对齐

android:layout_alignParentRight="true" 与父元素右对齐

（6）约束布局（ConstraintLayout）

2016 年 Google I/O 的大会上，Google 发布了 Android Studio 2.2 预览版，同时也发布了 Android 新的布局方案 ConstraintLayout；2017 年 Google 发布了 Android Studio 2.3 正式版，在 Android Studio 2.3 版本中新建的 Module 中默认的布局就是 ConstraintLayout。在传统的 Android 开发中，界面基本都是依靠编写 XML 代码完成的，虽然 Android Studio 也支持可视化的方式编写界面，但是操作起来并不方便，因此一直都不推荐使用可视化的方式编写 Android 应用程序的界面。而 ConstraintLayout 就是为了解决这一现状而出现的。与传统编写界面的方式相反，ConstraintLayout 非常适合使用可视化的方式编写界面，但并不太适合使用 XML 的方式进行编写。当然，可视化操作的背后仍然还是使用 XML 代码来实现的，只不过这些代码是由 Android Studio 根据我们的操作自动生成的。

另外，ConstraintLayout 还有一个优点，它可以有效地解决布局嵌套过多的问题。我们平时编写界面，复杂的布局总会伴随着多层的嵌套，而嵌套越多，程序的性能也就越差。ConstraintLayout 则是使用约束的方式来指定各个控件的位置和关系，它有点类似于 RelativeLayout，但远比 RelativeLayout 更强大。

在 ConstraintLayout 中，如果要指定视图的位置，必须为视图添加至少一个水平约束和一个垂直约束，约束的作用就是在 ConstraintLaytout 中限定视图位置。

2.3.7 Android的资源管理

有许多资源可以用来构建一个优秀的 Android 应用程序。除了应用程序的编码，我们还需要关注各种各样的资源，比如各种静态内容（位图、颜色、布局定义、用户界面字符串、动画等）。这些资源一般放置在项目中 res/ 目录下的独立的子目录中。

1. 组织资源

我们需要将每种资源放置在项目中 res/ 目录的特定子目录下。图 2-21 是一个简单项目资源文件层级。

```
res/
    drawable/
        icon.png
    layout/
        activity_main.xml
        info.xml
    values/
        strings.xml
```

图2-21 项目资源文件层级

res/ 目录在各种子目录中包含了所有的资源。这里有一个图片资源、两个布局资源和一个字符串资源文件。表 2-1 详细地给出了项目中 res/ 目录支持的资源。

表2-1 项目中res/目录支持的资源

目录	资源类型
anim/	定义动画属性的XML文件。它们被保存在res/anim/文件夹下，通过R.anim类访问
color/	定义颜色状态列表的XML文件。它们被保存在res/color/文件夹下，通过R.color类访问
drawable/	图片文件。如.png,.jpg,.gif或者XML文件，被编译为位图、状态列表、形状、动画图片。它们被保存在res/drawable/文件夹下，通过R.drawable类访问
layout/	定义用户界面布局的XML文件。它们被保存在res/layout/文件夹下，通过R.layout类访问
menu/	定义应用程序菜单的XML文件，如选项菜单、上下文菜单、子菜单等。它们被保存在res/menu/文件夹下，通过R.menu类访问
raw/	任意的文件以它们的原始形式保存。需要根据名为R.raw.filename的资源ID，通过调用Resource.openRawResource（ ）来打开raw文件
values/	包含简单值（如字符串、整数、颜色等）的XML文件。这里有一些文件夹下的资源命名规范。arrays.xml代表数组资源，通过R.array类访问；integers.xml代表整数资源，通过R.integer类访问；bools.xml代表布尔值资源，通过R.bool类访问；colors.xml代表颜色资源，通过R.color类访问；dimens.xml代表维度值，通过R.dimen类访问；strings.xml代表字符串资源，通过R.string类访问；styles.xml代表样式资源，通过R.style类访问
xml/	通过调用Resources.getXML（ ）在运行时读取任意的XML文件。可以在这里保存运行时使用的各种配置文件

2. 替代资源

我们的应用程序需要为特定的设备配置提供替代的资源支持。比如，应用程序需要为不同的屏幕分辨率提供可替代的图片资源，为不同的语言提供可替代的字符串资源。在运行时，Android 检测当前设备配置，并为应用程序加载合适的资源。

要为特定的配置确定一系列可替代资源，需要遵循如下的步骤。

① 在 res/ 下创建一个新的目录，以 <resource_name>_<config_qualifier> 的方式命名。这里的“resources_name”是表 2-1 中提到的任意资源，如布局、图片等。“qualifier”将确定个性的配置会使用哪些资源。学习者可以查看官方文档，以便了解不同类型资源的一个完整的“qualifier”列表。

② 在这个目录中保存响应的替代资源。

指定默认屏幕的图片和高分辨率的替代图片如图 2-22 所示。

```
res/
   drawable/
       icon.png
       background.png
  drawable-hdpi/
       icon.png
      background.png
  layout/
      activity_main.xml
       info.xml
  values/
       strings.xml
```

图2-22　指定默认屏幕的图片和高分辨率的替代图片

案例：扫二维码详细了解。

2.3.8　Android应用设计与开发的就业岗位和就业前景

社会对 Android 开发工程师的职位需求是非常多的。那么当前，Android 开发工程师的薪资水平究竟是怎样的呢？我们先从两个数据了解一下。

薪资范围统计情况如图 2-23 所示，工作经验统计情况如图 2-24 所示。

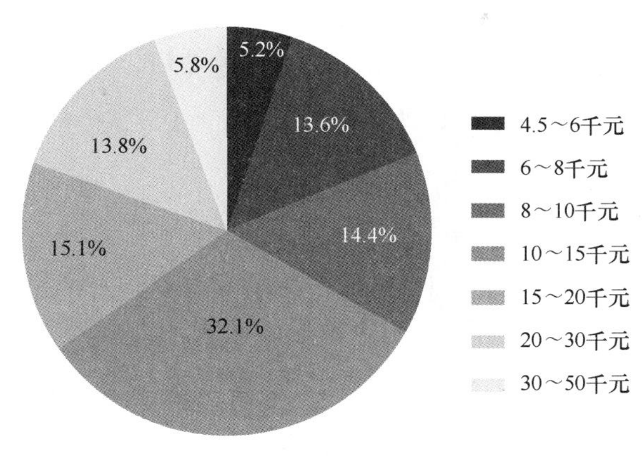

图2-23　薪酬范围统计情况

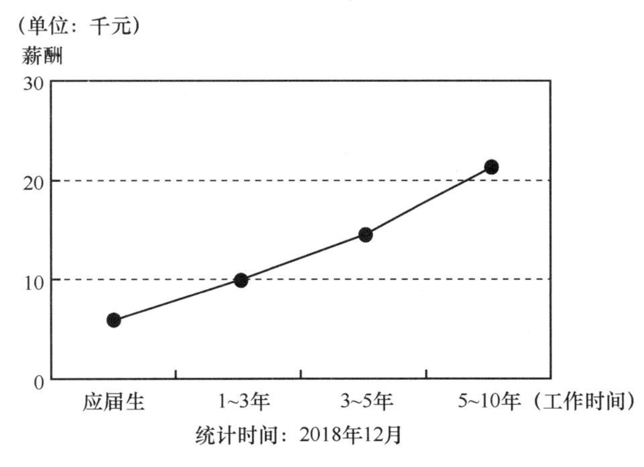

图2-24　工作经验统计情况

2.4　任务四：移动互联系统的运维

【任务描述】

“工欲善其事，必先利其器”，系统运维的安全是企业网络和信息安全的保障，更是企业生存和快速发展的基石，只有对运维知识有了一定的了解，我们才能得心应手地运用它。以下介绍的运维知识都是很简单的，大家只需跟着我们认真学习即可。

【知识要点】

1. 服务器单点部署：Nginx 服务器的部署、MySQL 数据库的部署。

2. 企业级负载均衡的部署：负载均衡的定义、Nginx 负载均衡的搭建。

3. 运维自动化：自动化运维概述、自动化运维工具。

4. Linux 的运维：Linux 系统简介、Linux 的目录结构、Linux 的常见命令。

5. 互联网运维的就业岗位和就业前景。

2.4.1 服务器单点部署

随着电商项目的用户访问量的不断上升，单点 Web 服务器已无法满足大型高并发、高负载业务处理的需求，需要针对 Web 服务器制订负载均衡方案，我们打算采用 Nginx 搭建负载均衡服务器，把用户请求分配到 *N* 个服务器来缓解服务器压力。Nginx 是一个高性能的 HTTP 和反向代理服务器，下面我们就详细介绍其部署过程。

1. Nginx 服务器的部署

（1）安装编译工具及库文件

① 如果没有安装 c++ 编译环境。

```
yum install gcc-c++
```

② ssl 功能需要 openssl 库。

```
tar -zxvf openssl-1.1.0f.tar.gz
cd openssl-1.1.0f
./config make && make install
```

③ rewrite 模块需要 pcre 库。

```
tar -zxvf pcre-8.01.tar.gz
cd pcre-8.01
./configure make && make install
```

④ gzip 模块需要 zlib 库。

```
/zlib-1.2.11.tar.gz
tar -zxvf zlib-1.2.11.tar.gz
cd zlib-1.2.11
./configure make && make install
```

⑤ nginx 安装。

```
tar -zxvf nginx-1.12.1.tar.gz
cd nginx-1.12.1
./configure --prefix=/usr/local/nginx make && make install
```

（2）设置依赖库连接

如果输入语句 ./usr/local/nginx/sbin/nginx 会出现错误 error while loading shared libraries: libpcre.so.0: cannot open shared object file: No such file or directory，此时我们可输入：whereis libpcre.so.1。

结果显示，libpcre.so: /lib64/libpcre.so.1 /usr/local/lib/libpcre.so /usr/local/lib/libpcre.so.0

我们再使用 ln 命令，将 libpcre.so.0、libpcre.so 和 libpcre.so.1 连接到 lib64 目录下。

ln -s /usr/local/lib/libpcre.so.0 /lib64

（3）Nginx 配置，创建 Nginx 运行使用的用户 www

/usr/sbin/groupadd www

/usr/sbin/useradd -g www www

配置 ngix.conf，输入：vi /usr/local/webserver/nginx/conf/nginx.conf，将内容修改为如下代码：

【代码 2-15】 Nginx.conf

```
user www www;
worker_processes 2;

error_log ../error.log;
pid    /usr/local/nginx/nginx.pid;

worker_rlimit_nofile 65535;
events
{
    use epoll;
    worker_connections 65535;
}


http
{
   include     mime.types;
   default_type application/octet-stream;

   log_format main '$remote_addr - $remote_user [$time_local] "$request" '
                 '$status $body_bytes_sent "$http_referer" '
                  '"$http_user_agent" "$http_x_forwarded_for"';

 server_names_hash_bucket_size 128;
 client_header_buffer_size 32k;
 large_client_header_buffers 4 32k;
 client_max_body_size 8m;
```

```
sendfile on;
tcp_nopush on;
keepalive_timeout 60;
tcp_nodelay on;
fastcgi_connect_timeout 300;
fastcgi_send_timeout 300;
fastcgi_read_timeout 300;
fastcgi_buffer_size 64k;
fastcgi_buffers 4 64k;
fastcgi_busy_buffers_size 128k;
fastcgi_temp_file_write_size 128k;
gzip on;
gzip_min_length 1k;
gzip_buffers 4 16k;
gzip_http_version 1.0;
gzip_comp_level 2;
gzip_types text/plain application/x-javascript text/css application/xml;
gzip_vary on;
server
{
    listen    80;// 端口
    server_name localhost;// 域名
    index test.html index.htm index.php;// 解析网页名称
    root /usr/local/nginx/html; # 站点目录
 location ~ .*\.（php|php5）?$
 {
   #fastcgi_pass unix:/tmp/php-cgi.sock;
   fastcgi_pass 127.0.0.1:9000;
   fastcgi_index index.php;
   include fastcgi.conf;
 }

 location ~ .*\.（gif|jpg|jpeg|png|bmp|swf|ico）$
 {
   expires 30d;
# access_log off;
 }
```

```
    location ~ .*\.（js|css）?$
    {
     expires 15d;
    # access_log off;
    }
    access_log off;
  }

}
```

检查配置是否正确：/usr/local/webserver/nginx/sbin/nginx –t。

启动：/usr/local/webserver/nginx/sbin/nginx 。

监听进程：ps -ef|grep nginx。

访问服务器 IP 地址：192.168.1.23。

访问成功页面如图 2-25 所示。

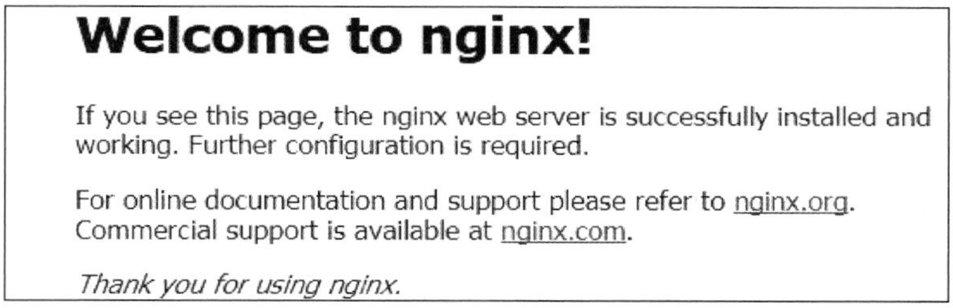

Welcome to nginx!

If you see this page, the nginx web server is successfully installed and working. Further configuration is required.

For online documentation and support please refer to nginx.org.
Commercial support is available at nginx.com.

Thank you for using nginx.

图2-25 访问成功页面

2. MySQL 数据库的部署

① 安装 wget。

```
yum -y install wget
```

② 安装源，网上下载以下内容。

```
mysql57-community-release-el7-8.noarch.rpm
```

③ 安装 MySQL。

```
yum install mysql-server
```

④ 启动 MySQL 服务。

```
systemctl start mysqld
```

⑤ 查看 MySQL 的启动状态。

```
systemctl status mysqld
```

⑥ 开机启动。

```
systemctl enable mysqld
```

```
systemctl daemon-reload
```

⑦ 配置默认编码为 utf8。

修改 /etc/my.cnf 配置文件，在 [mysqld] 下添加如下编码配置。

```
[mysqld]
character_set_server=utf8
init_connect='SET NAMES utf8'
```

⑧ 配置 MySQL 远程连接。

```
mysql -uroot -p
use mysql;
Grant all on *.* to 'root' @ '%' identified by 'root 用户的密码 ' with grant option;
flush privileges;
```

然后用以下命令查看哪些用户和 host 可以访问，% 代表任意 ip 地址。

```
select user,host from user;
```

防火墙添加 3306 端口。

```
firewall-cmd --zone=public --add-port=3306/tcp --permanent
firewall-cmd --reload
```

3. 电商项目发布

电商项目发布时，我们需要配置 JDK 和安装 Tomcat 服务器，操作方法如下。

① 安装 JDK。

② 安装 Tomcat 。

```
tar -zxvf apache-tomcat-7.0.82.tar.gz -c /usr/local/
cd /usr/local/
ln -sv apache-tomcat-7.0.82 tomcat
```

配置环境变量。

```
vim /etc/rc.d/rc.local
export JAVA_HOME=/usr/local/java/jdk1.8.0_161
export PATH=$PATH:$JAVA_HOME/bin
export CLASSPATH=.:$JAVA_HOME/lib/dt.jar:$JAVA_HOME/lib/tools.jar
export CATALINA_HOME=/usr/local/apache-tomcat-7.0.82/
#tomcat 自启动
/usr/local/apache-tomcat-7.0.82/bin/startup.sh
```

开放 8080 端口：firewall-cmd --zone=public --add-port=8080/tcp –permanent。

重启防火墙：firewall-cmd –reload。

③ 项目部署。

- 创建一个 JavaWeb 项目。

• 在项目上单击右键选择“Export”→“Web 文件夹”→“War file”，单击“Next”，选择存放打包程序的地址，单击“Finish”，即实现了打包，在完成之后，我们可以去打包的地方看一下打包是否成功。

• Tomcat 默认的发布 Web 项目的目录是：webapps。

• 将导出的 War 包拷贝到 webapps 根目录下，随之 Tomcat 的启动，War 包可以自动被解析。

• 然后在浏览器中输入路径链接，查询安装是否成功。

2.4.2 企业级负载均衡的部署

1. 负载均衡的定义

负载均衡建立在现有网络结构之上，提供了一种廉价有效透明的方法扩展网络设备和服务器的带宽，增加吞吐量，加强网络数据处理能力，提高网络的灵活性和可用性。

负载均衡是分摊到多个操作单元上执行的，例如 Web 服务器、FTP 服务器、企业关键应用服务器和其他关键任务服务器等，从而共同完成工作任务。

2. Nginx 负载均衡的搭建

（1）准备环境

Nginx 是负载均衡服务器，用户请求先到达 Nginx，Nginx 再根据负载配置将请求转发至 Tomcat 服务器。

Nginx 负载均衡服务器：192.168.1.128。

Tomcat1 服务器：192.168.1.132。

Tomcat2 服务器：192.168.1.136。

我们将两个相同的项目分别放置在 132 与 136 服务器中，当我们通过 128 负载访问项目接口时，Nginx 会自动将请求轮流分配给 132 与 136 来执行。

（2）配置

以 vim 模式打开 nginx.conf 配置文件的代码如下。

```
cd /usr/local/nginx/conf/
vi nginx.conf
```

根据上边的需求，在 nginx.conf 文件中配置负载均衡，代码如下。

```
# 在 server 上添加此 upstream 节点
upstream myServer{
        ip_hash;
        server 192.168.1.132:8080 weight=1;
        server 192.168.1.136:8081 weight=1;
```

```
        }

    server {
        listen 80;
        server_name localhost;
        # 即所有请求都到这里去找分配
        location / {
            proxy_pass http://myServer
        }
    }
```

配置完成，保存并退出。

（3）测试

Nginx 监听本地的 80 端口，并将请求转发到 192.168.1.132:8080 和 192.168.1.136:8081 两个 App 中的一个，映射的策略是 ip_hash，这个策略会对请求的 IP 进行 hash 运算并将结果映射到其中一个 App，它能确保一个确定的请求 IP 会被映射到一个确定的服务，这样就连 session 的问题也不用考虑了。

配置完成后，学习者只需要在本地建立两个服务，分别监听 8080 和 8081，然后打开浏览器访问 localhost:80，就能访问其中的一个服务。

2.4.3 自动化运维

1. 自动化运维概述

自动化运维是把周期性、重复性、规律性的工作都交给工具去做，具体来说，有应用系统维护自动化、巡检自动化和故障处理自动化 3 个方面。自动化运维依赖具体的智能管理平台，最终可实现提升运维效率的目的。

2. 自动化运维工具

Ansible 是自动化运维工具，基于 Python 开发，集合了众多运维工具（Puppet、Chef、Func、Fabric）的优点，实现了批量系统配置、批量程序部署、批量运行命令等功能。

Ansible 基于模块化工作，本身没有批量部署的能力，真正具有批量部署的是 Ansible 所运行的模块，Ansible 只提供一种框架。Ansible 不需要在远程主机上安装 Client/agents，因为它是基于 ssh 与远程主机通信的。Ansible 目前已经被红帽官方收购，是自动化运维工具中大家认可度最高的、最容易应用的一种工具。每位运维工程师都必须掌握 Ansible 的用法。

2.4.4 Linux的运维

1. Linux 系统简介

Linux 操作系统诞生于 1991 年 10 月 5 日，是一套免费使用和自由传播的类 Unix 操作系统，是一个基于 Posix 和 Unix 的多用户、多任务、支持多线程和多 CPU 的操作系统。Linux 有许多不同的版本，但这些版本都使用了 Linux 内核。Linux 继承了 Unix 以网络为核心的设计思想，是一个性能稳定的多用户网络操作系统。Linux 可安装在各种计算机硬件设备中，比如手机、平板电脑、路由器、视频游戏控制台、台式计算机、大型机和超级计算机。

2. Linux 的目录结构

Linux 的目录结构如图 2-26 所示。

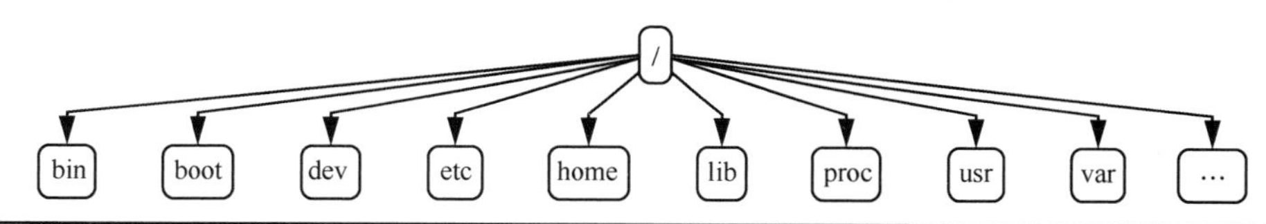

目录	说明
bin	存放二进制可执行文件（ls、cat、mkdir等）
boot	存放用于系统引导时使用的各种文件
dev	存放设备文件
etc	存放系统配置文件
home	存放所有用户文件的根目录
lib	存放根文件系统中的程序运行所需要的共享库及内核模块
mnt	系统管理员安装临时文件系统的安装点
opt	放置额外安装的可选应用程序包
proc	虚拟文件系统，存放当前内存的映射
usr	用于存放系统应用程序，比较重要的目录/usr/local是本地管理员软件安装目录
var	用于存放运行时需要改变数据的文件
root	超级用户目录
sbin	存放二进制可执行文件，只有root才能访问
tmp	用于存放各种临时文件

图2-26 Linux的目录结构

3. Linux 的常用命令

Linux 的常用命令见表 2-2。

表2-2　Linux的常用命令

命令	说明	语法	参数	参数说明
ls	显示文件和目录列表	ls [-alrtAFR] [name...]	-l	列出文件的详细信息
			-a	列出当前目录所有文件，包含隐藏文件
mkdir	创建目录	mkdir [-p] dirName	-p	父目录不存在情况下先生成父目录
cd	切换目录	cd [dirName]		
touch	生成一个空文件			
echo	生成一个带内容文件	echo abcd > 1.txt，echo 1234 >> 1.txt		
cat	显示文本文件内容	cat [-AbeEnstTuv] [--help] [--version] fileName		
cp	复制文件或目录	cp [options] source dest		
rm	删除文件	rm [options] name...	-f	强制删除文件或目录
			-r	同时删除该目录下的所有文件
mv	移动文件或目录	mv [options] source dest		
find	在文件系统中查找指定的文件			
pwd	显示当前工作目录			
grep	在指定的文本文件中查找指定的字符串			

2.4.5 互联网运维的就业岗位和就业前景

1. 就业岗位情况

运维的工作方向比较多，随着业务规模的不断扩展，成熟的互联网公司会对运维岗位做详细的划分。当前，很多大型的互联网公司在初创时期只有系统运维，随着规模、服务质量的要求，这些公司也逐渐进行了工作细分。一般情况下，运维团队的工作分类和职责如图 2-27 所示。

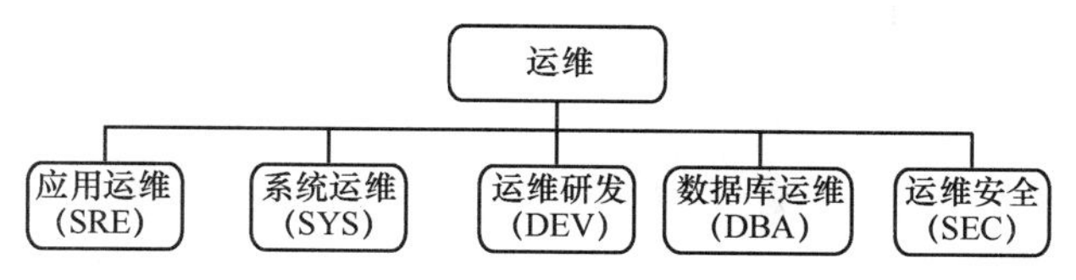

图2-27 运维团队的工作分类和职责

2. 就业前景

IT 行业中的很多技术岗位的发展都面临着年龄的限制，但是对于运维行业而言，随着时间的推移，就职时间越久，运维人员经验就会越丰富。互联网已经进入物联网的时代，海量设备接入互联网，运维行业人才缺口巨大。

项目 3

云计算与大数据概述

项目引入

近年来，大数据和云计算在越来越多的场合被广泛运用，从寻常百姓家到大型互联网 IT 公司及各类统计机构，大数据和云计算同各行业逐渐走向深度融合。大数据时代的到来，不仅方便了人们的生活和工作，更引发了人们对大数据和云计算的高度关注和热烈讨论。尽管大数据和云计算已经走入我们的生产和生活，仍有很多人无法真正了解大数据和云计算的概念。

项目 3 主要阐述云计算概念、云计算应用技术、虚拟化技术、工作站虚拟化基本技术、服务器虚拟化基本技术、桌面及应用虚拟化基本技术以及大数据技术和数据共享与整合技术，并介绍相关岗位就业前景和就业岗位设置。

知识图谱

项目 3 知识图谱如图 3-1 所示。

【教学课件二维码】

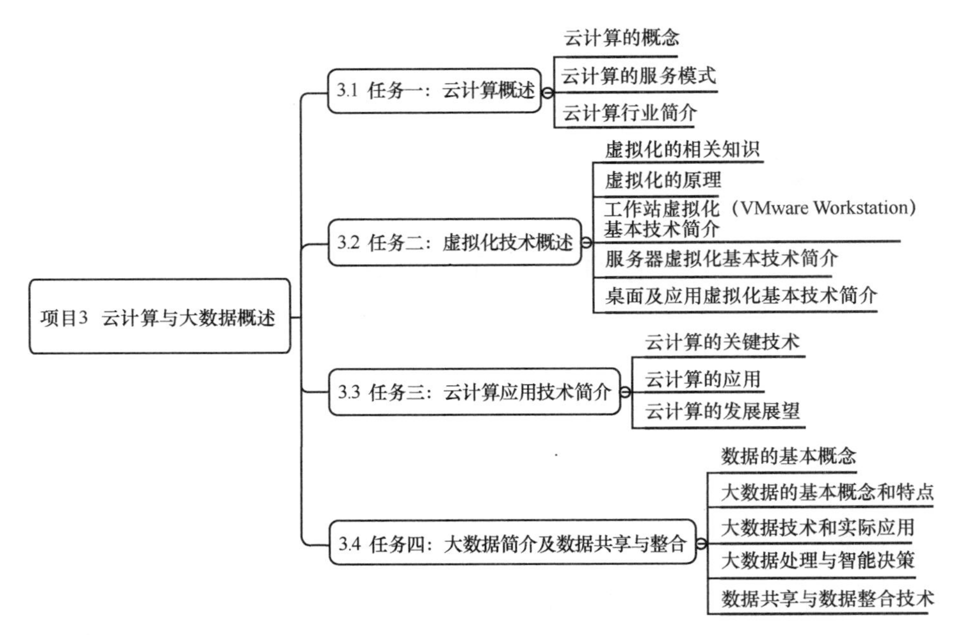

图3-1 项目3知识图谱

3.1 任务一：云计算概述

【任务描述】

云计算是通过使计算分布在大量的分布式计算机上，而非本地计算机或远程服务器中，企业数据中心的运行将与互联网更加相似。这使得企业能够将资源切换到需要的应用上，根据需求访问计算机和存储系统。那云计算到底是什么？在前面的项目我们已经简要介绍了云计算，本节介绍云计算的概念、云计算服务方式和云计算的行业应用。

【知识要点】

1. 云计算的概念。
2. 云计算的三大服务模式。
3. 了解云计算行业及相关公司。

3.1.1 云计算的概念

云计算是一种按使用量付费的模式，提供可用的、便捷的、按需的网络访问，当用户进入可配置的计算资源共享池（资源包括网络、服务器、存储、应用软件、服务）时，这些资源能够被快速提取，只需很少的管理工作，或与服务供应商进行少量交互即可完成。

3.1.2　云计算的服务模式

云计算被认为包括以下几个层次的服务：基础设施即服务（IaaS）、平台即服务（PaaS）和软件即服务（SaaS）。

IaaS（Infrastructure-as-a-Service，基础设施即服务）：消费者可以通过 Internet 从完善的计算机基础设施中获得服务，例如，硬件服务器租用。

PaaS（Platform-as-a-Service，平台即服务）：实际上是指将软件研发的平台作为一种服务，以 SaaS 的模式将其提交给用户。因此，PaaS 也是 SaaS 模式的一种应用，但是，PaaS 的出现可以加快 SaaS 的发展，尤其是加快 SaaS 应用的开发速度，例如，软件的个性化定制开发。

SaaS（Software-as-a-Service，软件即服务）：它是一种通过 Internet 提供软件的模式，用户无须购买软件，而是向提供商租用基于 Web 的软件，来管理企业经营活动，例如，阳光云服务器。

云基础架构如图 3-2 所示。

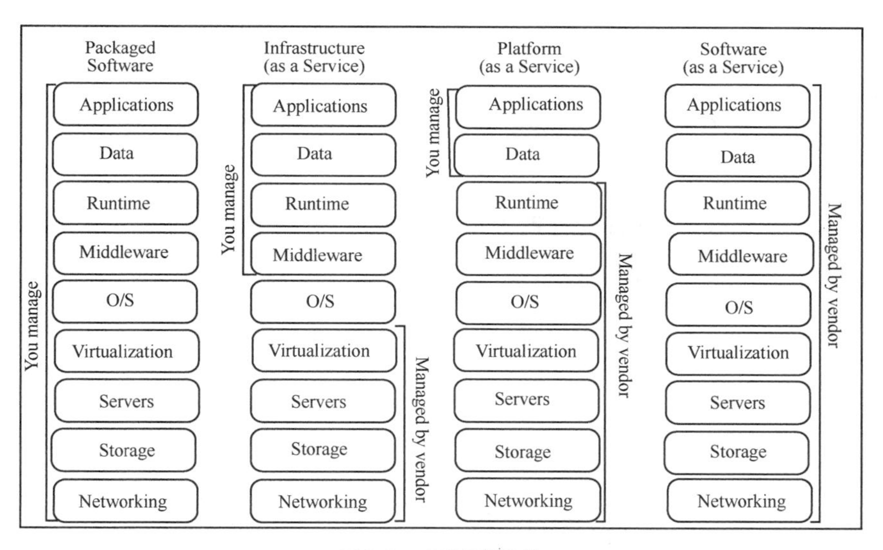

图3-2　云基础架构

3.1.3　云计算行业简介

2018 年 2 月份，国外市场研究机构 Synergy Research 公布了《云计算市场调查数据报告》：亚马逊的 AWS、微软的 Azure、IBM Cloud、谷歌云分别位列全球云计算市场前四名，中国云计算服务商阿里云首次进入全球前五行列。

2018 年，云计算行业前 7 名分别为阿里巴巴、中国电信、腾讯、中国联通、华为、中国移动、百度。Gartner 在《云计算进入下一个十年》中曾指出，到 2020 年，只有提供 IaaS、PaaS 和 SaaS 整体解决方案的厂商才能占据云市场的领导地位。就目前来看，云计算的三大市场各具特色，但无一例外地朝着相互融合的方向发展。

3.2 任务二：虚拟化技术概述

【任务描述】

我们经常听到云计算、虚拟化等名词，但是到底什么是虚拟化呢？简单而言，虚拟化是指通过虚拟化技术将一台计算机虚拟为多台逻辑计算机，在一台计算机上同时运行多个逻辑计算机，每个逻辑计算机可运行不同的操作系统，并且应用程序都可以在相互独立的空间内运行而互不影响，从而显著提高计算机的工作效率。在任务二中，我们将了解虚拟化的概念、虚拟化的原理，了解工作站虚拟化技术和服务器端的一些虚拟化技术。

【知识要点】

1. 根据虚拟机监视器所提供的虚拟平台类型，我们可以将虚拟化技术分为两大类：完全虚拟化和类虚拟化。

2. 常用的虚拟化技术包括：处理器虚拟化技术、内存虚拟化技术以及 I/O 虚拟化技术。

3. 当前主流的虚拟机监视器技术架构分为三类：Hypervisor 模型、宿主（Hosted）模型和混合模型。

3.2.1 虚拟化的相关知识

1. 虚拟化的概念

虚拟化是对资源逻辑抽象、隔离、再分配、管理的过程，通常虚拟化有广义与狭义两种方法。广义的虚拟化意味着将不存在的事物或现象“虚拟”成存在的事物或现象的方法，计算机科学中的虚拟化包括平台虚拟化、应用程序虚拟化、存储虚拟化，网络虚拟化、设备虚拟化等。狭义的虚拟化专指在计算机上模拟运行多个操作系统平台的方法。

一直以来，业界对于虚拟化并没有统一的标准定义，但大多数定义都包含以下两个方面：

① 虚拟的内容是资源（包括 CPU、内存、存储、网络等）；

② 虚拟出的物理资源有着统一的逻辑表示，而且这种逻辑表示能够为用户提供与被虚拟的物理资源大部分相同或完全相同的功能。

经过一系列的虚拟化过程，资源可不受物理资源的限制和约束，由此可以带来与传统 IT 相比更多的优势，包括资源整合以提高资源利用率、动态 IT 等。

2. 虚拟化目的

虚拟化出现的原因很简单，是因为硬件资源的浪费，其主要针对硬件资源效率低下的问题。在计算机 CPU 和内存的效能及数量以摩尔定律成倍数增长的同时，CPU 和内存在操作系统中的使用效率低下的问题反而严重。所谓的效率低下，就是 CPU 的完整性能无法完全发挥。虽然软件和操作系统方面的专家在不断改善 CPU 的性能，但改进的速度远远比不上 CPU 和内存发展的速度，因此，让单个硬件平台运行多个操作系统的观念成为解决这个问题的最好答案。当前，大部分服务器的 CPU 使用率常在 5%以下，而内存使用率在 30%以下，因此把多个操作系统放在一台机器中，可以提高 CPU 的利用率。

虚拟化的主要目的是简化 IT 基础设施和资源管理方式，以帮助企业减少 IT 资源的开销，整合资源、节约成本。

从近几年虚拟机大量部署到企业的成功案例我们可以看出，越来越多的企业开始关注虚拟化技术给企业带来的好处，同时也在不断地审视本企业目前的 IT 基础架构，希望改变传统架构。根据虚拟化技术的特点，应用价值可以体现在“云”办公、虚拟制造、工业、金融业、政府、教育机构等方面。

虚拟化解决了我们遇到的许多问题，主要体现在以下 4 个方面。

① 可以在一个特定的软硬件环境中虚拟另一个不同的软硬件环境，并且可以打破层级依赖的现状。

② 提高计算机设备的利用率，可以在一台物理服务器上同时安装并运行多种操作系统，从而提高物理设备的使用率。而且，当其中一台虚拟机发生故障时，并不会影响其他操作系统，实现了故障隔离。

③ 不同的物理服务器之间会存在兼容性的问题，为使不同品牌的不同硬件兼容，虚拟化可以统一虚拟硬件而达到使其相互融合的目的。

④ 虚拟化可节约潜在成本，在采购硬件、许可操作系统、消耗电力、控制机房温度和调整服务器机房空间等方面都可体现。

3.2.2 虚拟化的原理

1. 虚拟化分类

根据虚拟机监视器所提供的虚拟平台类型，虚拟化技术可以被分为完全虚拟化和类虚拟化两大类。

（1）完全虚拟化

完全虚拟化的虚拟平台和现实平台是一样的，客户机操作系统不需要做任何修改就可以运行。客户机操作系统察觉不到自己在一个虚拟平台上运行，它会像操作正常的处理器、内存、I/O 设备一样来操作虚拟处理器、虚拟内存和虚拟 I/O 设备。

（2）类虚拟化

类虚拟化所虚拟的平台在现实中不存在，是经过虚拟机监视器重新定义的，客户机操作系统需要通过或多或少的修改来适应该虚拟化平台。换句话说，客户机操作系统知道自己在虚拟平台上运行，并且会主动去适应平台。

2. 虚拟机监视器架构

一个成功的虚拟机监视器的主要职责是构建符合同质、高效和资源受控这 3 个特点的虚拟机，使在物理机器上能够运行的操作系统，在虚拟机上也能够运行（我们称之为客户机操作系统）。从软件角度来看，物理机器是由处理器、内存和 I/O 设备等一组资源构成的实体。与此类似，虚拟机由虚拟处理器、虚拟内存和虚拟 I/O 设备等组成。虚拟机监视器的主要功能是基于物理资源创建相应的虚拟资源，组成虚拟机，为客户机操作系统提供虚拟的平台。虚拟机监视器基本上分为两部分——虚拟环境的管理和物理资源的管理。

当前主流的虚拟机监视器技术架构分为：Hypervisor 模型、宿主（Hosted）模型和混合模型 3 类。

3. 虚拟化技术架构

（1）处理器虚拟化技术

处理器虚拟化技术是虚拟机监视器中最重要的部分，因为访问内存或者 I/O 的指令本身就是敏感指令，所以内存虚拟化和 I/O 虚拟化都依赖处理器虚拟化技术。

（2）内存虚拟化技术

从一个操作系统的角度来看，我们对物理内存有两个基本认识：内存都是从物理地址 0 开始；内存地址都是连续的，或者说至少是在一些大的粒度上连续的。

而在虚拟环境下，由于虚拟机监视器与客户机操作系统在对物理内存的认识上存在冲突，造成了物理内存的真正拥有者——虚拟机监视器必须对客户机操作系统所访问的内存进行虚拟化，使模拟出来的内存符合客户机操作系统的两条基本认识，这个模拟过程就是内存虚拟化。

（3）I/O 虚拟化技术

实现 I/O 虚拟化的方式分别是设备模拟和类虚拟化，两种方式都有各自的优缺点，前者通用性强，但性能不理想；后者性能不错，却缺乏通用性。为此，英特尔公司发布了VT-d技术（intel（R）Virtualization Technology for Directed I/O），以帮助虚拟软件开发者实现通用性强、性能高的新型I/O虚拟化技术。

3.2.3　工作站虚拟化（VMware Workstation）基本技术简介

1. VMware Workstation基本认识

VMware Workstation是面向个人用户的虚拟机产品，需要底层操作系统的支持，运行于Windows、Linux中的个人虚拟机产品的名称为VMware Workstation。运行于Mac平台的虚拟机产品是VMware Fusion。

VMware Workstation是目前为止功能最全、性能最优、使用最方便的虚拟机产品。

VMware Workstation的安装非常简单，大多数用户都能正确安装。VMware Workstation的完整安装我们将不再介绍。

在安装完VMware Workstation后，我们就可以双击桌面上的“VMware Workstation”图标，运行VMware Workstation，然后进入VMware Workstation界面，如图3-3所示。

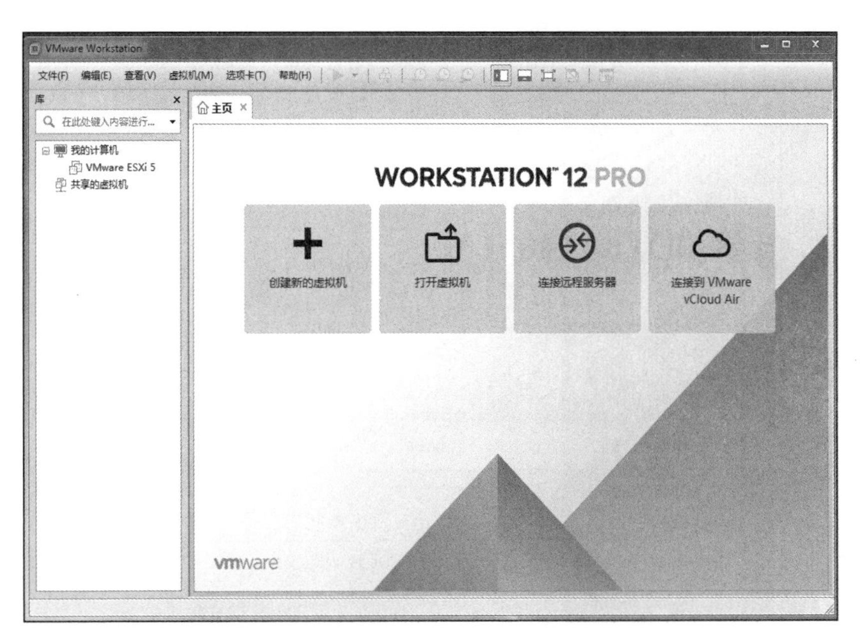

图3-3　VMware Workstation界面

2. Workstation虚拟机创建

我们在主页面板中选择“创建新的虚拟机”，如图3-4所示。

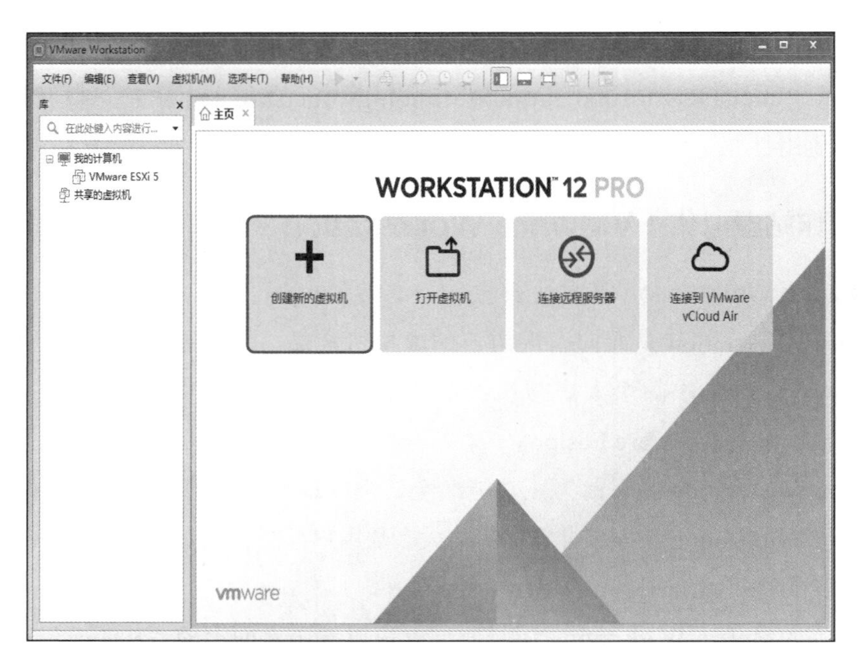

图3-4 创建新的虚拟机界面

通过上述操作后，系统会弹出图 3-5 所示的界面，我们选择“典型”。

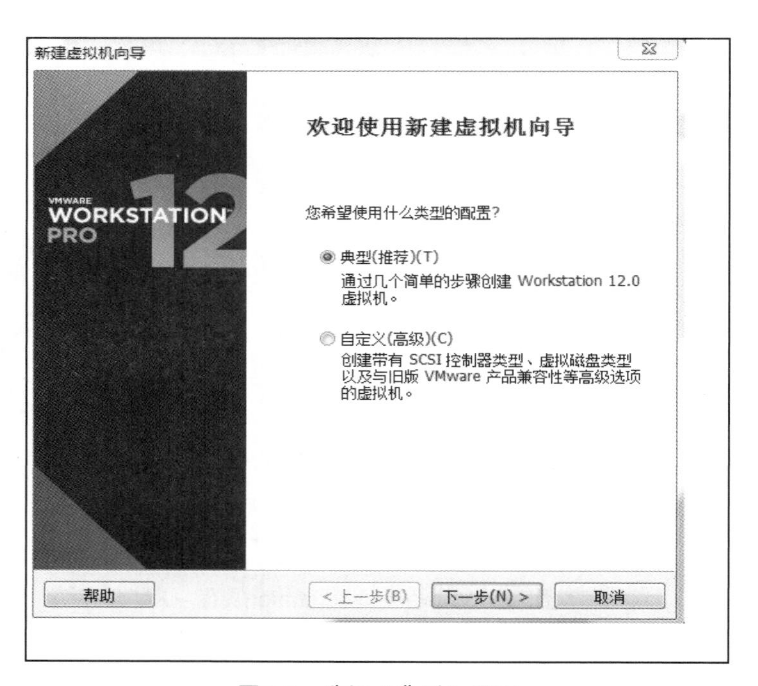

图3-5 选择“典型”界面

然后我们单击“下一步”按钮，系统出现如图 3-6 所示的界面。

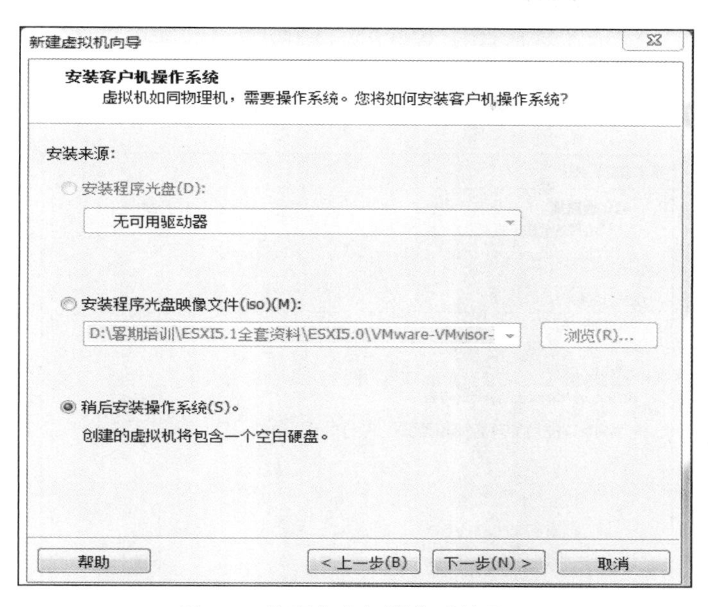

图3-6　按照客户机操作系统界面

我们保持默认值，选择“稍后安装操作系统”，单击“下一步”按钮，系统所示界面如图 3-7 所示。

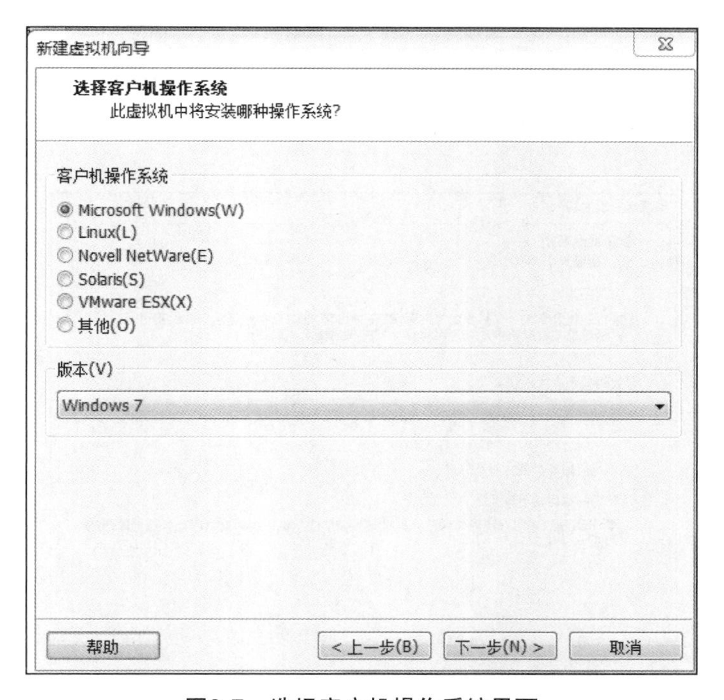

图3-7　选择客户机操作系统界面

接下来，我们选择准备给虚拟机安装的操作系统，这里我们选择“Microsoft

Windows（W）”进行演示，然后选择 Windows 的版本，继续单击“下一步”按钮，接下来系统弹出如图 3-8 所示的界面。

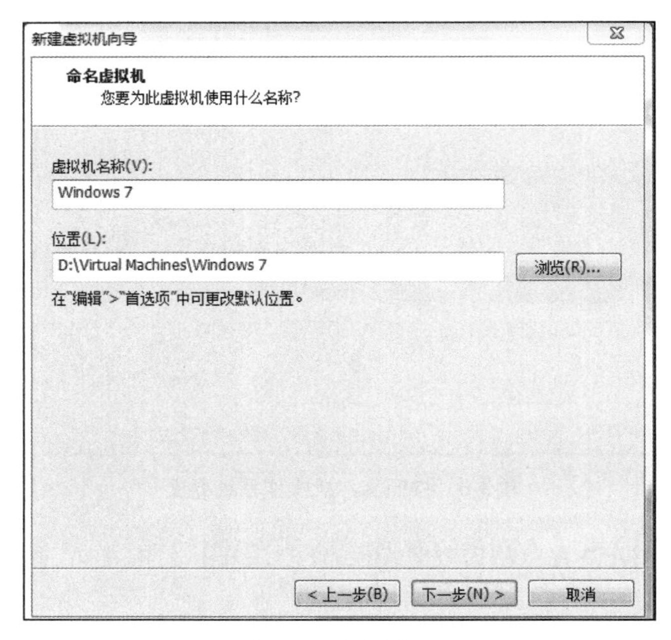

图3-8　命名界面

我们给虚拟机取一个名称，并选择保存的位置，这里我们保持默认值，然后单击“下一步”按钮，接下来出现分配磁盘空间界面，如图 3-9 所示。

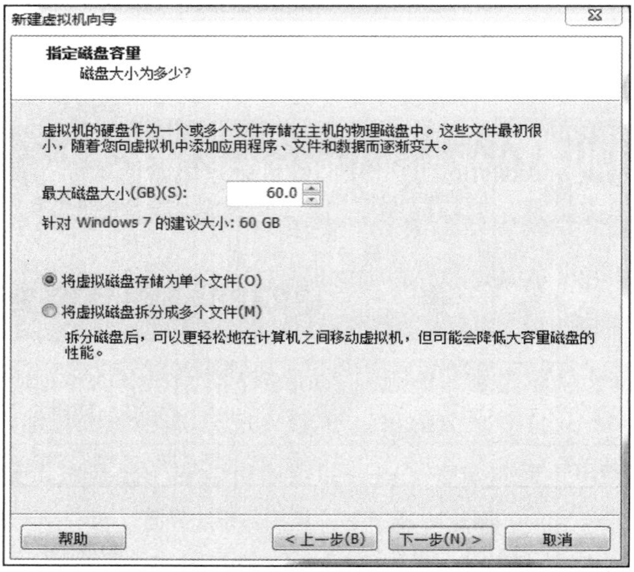

图3-9　分配磁盘空间界面

我们可以指定最大磁盘的大小，并选择虚拟磁盘的存储方式，一般我们选择将虚拟磁盘存储为单个文件，除非你的物理机磁盘格式是FAT（FAT32）。然后我们单击“下一步”按钮，出现图3-10所示的界面。

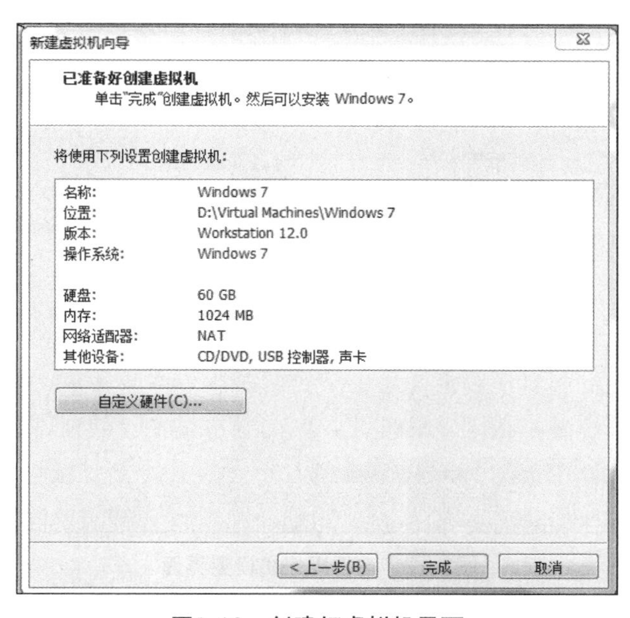

图3-10 创建好虚拟机界面

我们单击“完成”即结束虚拟机的创建过程。但此时的虚拟机还是一个空的虚拟机，并没有安装任何操作系统，所以接下来我们需要给该虚拟机安装操作系统，如图3-11所示。

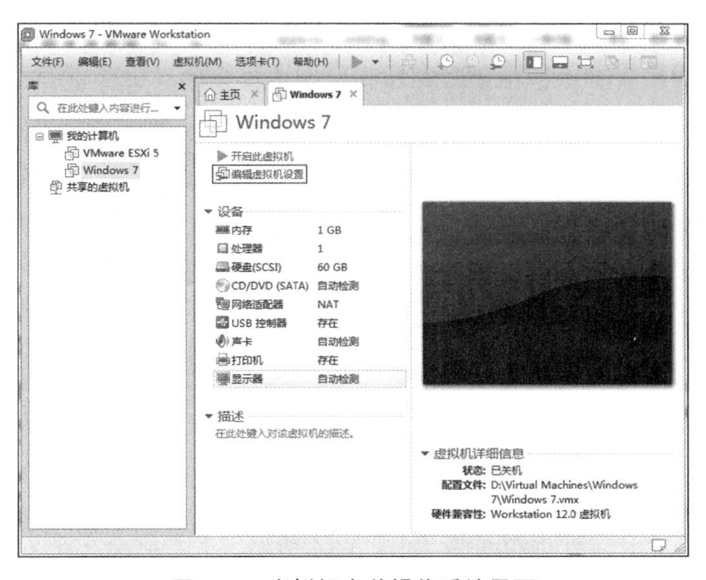

图3-11 虚拟机安装操作系统界面

我们选中刚刚创建好的虚拟机，并单击“编辑虚拟机设置”，出现如图 3-12 所示的界面。

图3-12　编辑虚拟机设置界面

我们选择“CD/DVD（SATA）”，并选择“使用 ISO 映像文件（M）”，然后单击“浏览”选择我们要安装的操作系统的映像文件，再单击“确定”按钮，如图 3-13 所示。

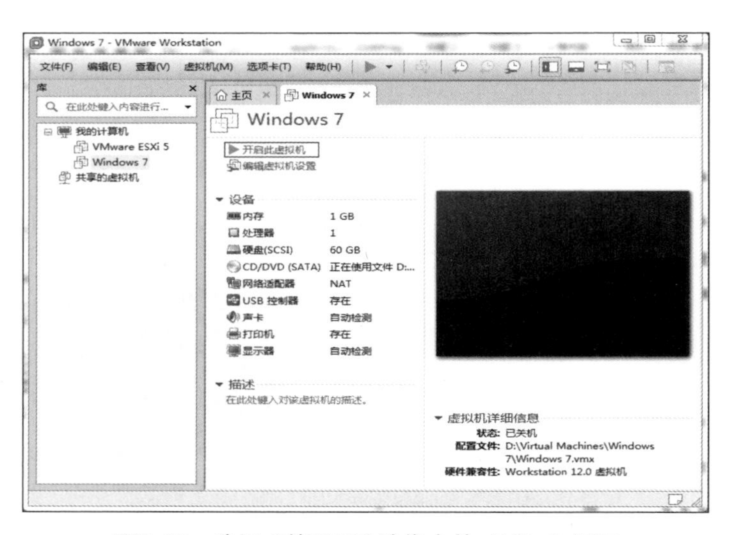

图3-13　选择“使用ISO映像文件（M）”界面

然后我们单击“开启此虚拟机”，如图 3-14 所示，系统将会出现安装 Windows 的安装界面，后续的过程与物理机安装操作系统过程类似，我们不再详述。

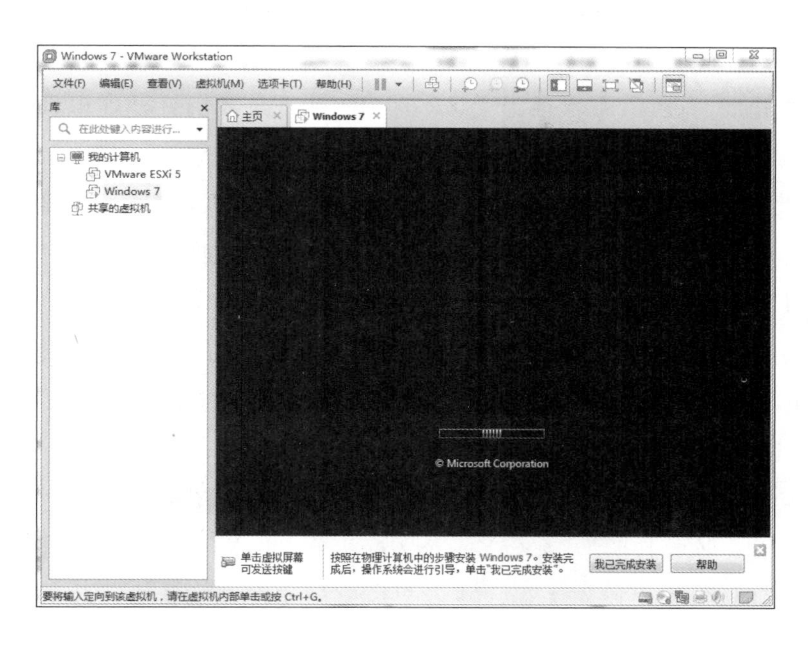

图3-14　Windows安装界面

3. 快照管理与虚拟机克隆

快照功能可保留虚拟机的状态，方便虚拟机随时还原回该状态。如果我们需要将虚拟机快速恢复到先前的系统状态，以安装应用的新内置版本、“卸载”补丁程序或删除恶意软件，使用快照功能是非常有效的。当我们使用虚拟机做实验和测试时，如果每次都要创建虚拟机，在虚拟机中安装操作系统，应用软件的方法准备虚拟机会浪费大量的时间。而虚拟机的快照功能就是避免出现这个问题的“法宝”。想使用虚拟机的快照功能，每个系统只需要安装一次并以该系统为“基准”，就可以创建多个分支，并且可以创建多个相同的系统以便使用。

（1）创建“快照”

对于每一个安装好的虚拟机，我们推荐使用“快照”方式保存其状态，并且在每次实验前后再创建一次“快照”，这样可以随时使虚拟机恢复到实验中的任意时刻。

虽然可以在任意的时刻（包括虚拟机正在运行、启动的任一时刻）创建“快照”，但我们强烈建议，在关闭虚拟机的时候创建“快照”，这样可以节省大量的硬盘空间，只有在特别需要的时候才在虚拟机运行的时候创建“快照”。

对于要创建“快照”的虚拟机，在“快照”前，我们要安装好操作系统、VMware Tools，以及必需的软件，进行必要的配置、关闭虚拟机后，创建“快照”。如果有多种状态（或设置）需要保存，我们可以创建多个“快照”。

初始“快照”：对于 Windows XP 虚拟机来说，如果一开始安装的是 Windows XP

With SP2、IE6，我们需等待安装好后关机，再创建第 1 个“快照”。

第 2 个“快照”：之后微软推出了 XP 的 SP3 补丁，我们打开虚拟机的电源，安装 XP SP3，之后安装 IE7，再次关机，再次创建“快照”。

第 3 个“快照”：当微软推出了 IE8 之后，我们将虚拟机状态恢复到第 2 个“快照”，在此基础上开机，进入系统，安装 IE8，安装完成后，关闭虚拟机，创建“快照”。

为“快照”设置名称及描述信息便于后期的管理。

创建“快照”的方式很简单：虚拟机关闭后，我们单击工具栏上的图标，或者依次单击“虚拟机”→“快照”→“快照管理器”，或者在弹出的对话框中输入创建“快照”的名称以及描述，最后单击“拍摄快照”按钮。

“快照”创建完成后，我们会发现快照管理器中多了一个图标，这就是刚刚创建的“快照”，以后每创建一次“快照”，都会多一个图标，单击“关闭”按钮，快照管理器关闭。

在以后的实验中如果操作失误，或者想恢复到实验前的状态，我们可以进入“快照管理器”，用鼠标选中实验前制作的快照，单击“转到”按钮迅速使虚拟机恢复到实验前状态。

注意：在恢复到指定的“快照”状态时，虚拟机的当前状态将会丢失。

（2）从“快照”点克隆虚拟机

虽然使用“快照”可以方便地保存虚拟机每一个状态，并且可以保存多个状态，但这些“快照”都处在同一个虚拟机中。有时候我们需要创建一个单独的虚拟机实验，在实验后删除这个单独的虚拟机，这时候使用虚拟机的“克隆”功能就是一个相当不错的选择。创建“克隆（连接）”的具体操作步骤如下。

① 运行 VMware Workstation，定位到某个创建了快照的虚拟机，进入“快照管理器”，从中选择一个快照，然后单击“克隆”按钮。

② 进入“克隆”虚拟机向导后，单击“下一步”按钮，在“克隆源”对话框中，选中“现有快照”按钮，在其下拉列表框中可以选择已经创建的快照点，选择好后单击“下一步”按钮。

在“克隆方法”对话框中，选中“创建链接克隆”按钮，然后单击“下一步”按钮。如果选择“创建完整克隆”，克隆后的虚拟机将脱离源虚拟机运行，这样将会占用更多的磁盘空间。

在“新虚拟机名称”对话框中，设置克隆虚拟机的名称，然后单击“完成”按钮。

说明：链接克隆的虚拟机依赖源虚拟机（称为父虚拟机），如果父虚拟机损坏或“快照”点删除，刚链接克隆虚拟机也不能使用；如果父虚拟机移动位置，则在启动链接克隆虚拟机时需要重新指定父虚拟机的位置，链接克隆虚拟机占用较小的磁盘空间，只是将链接之后的更改保存在新虚拟机中。完全克隆的虚拟机脱离父虚拟机，父虚拟机的改动不会影响完全克隆虚拟机。完全克隆虚拟机会占用较大的磁盘空间，但其性能要优于链接克隆虚拟机。

当克隆完成后，在“克隆虚拟机”对话框中，单击“关闭”按钮，返回到“快照管理器”，我们可以看到克隆链接点的“快照”加上“锁”的图标，这表示当前快照已经被锁定不能被删除，然后单击“关闭”按钮。

3.2.4 服务器虚拟化基本技术简介

1. 认识 vSphere

vSphere 是 VMware 公司推出的一套服务器虚拟化解决方案，架构如图 3-15 所示。

2. vSphere 架构介绍

（1）架构服务

Infrastructure Service（架构服务）定义了计算机、存储、网络三大部分。

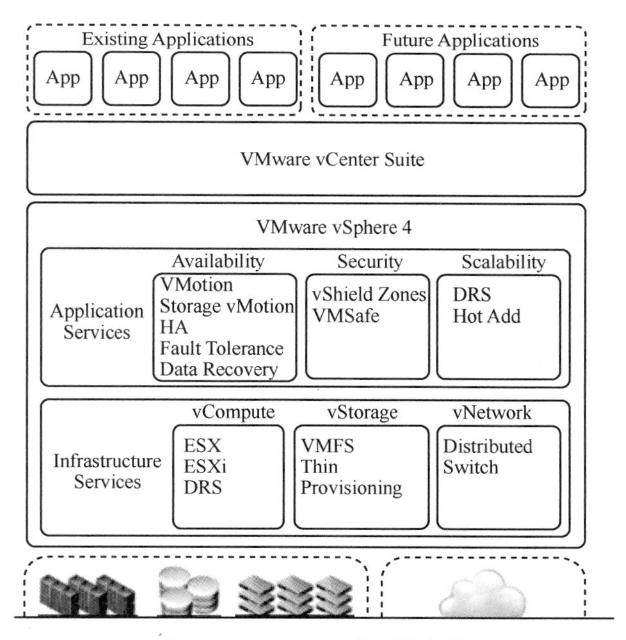

图3-15 vSphere虚拟化架构

1）计算机

计算机主要包括 ESX / ESXi（vSphere5.0 中仅有 ESXi）、DRS（分布式资源调配）以及 Memory（内存）。

① ESX/ESXi：ESXi 是在物理服务器上安装虚拟化管理服务，用于管理底层硬件资源，安装 ESXi 的物理服务器被称作 ESXi 主机，是 vSphere 虚拟化架构的基础。

② DRS（分布式资源调配）：vSphere 高级特性之一，动态调配虚拟机运行的 ESXi 主机，充分利用物理服务器硬件资源。

③ Memory（内存）：物理服务器以及虚拟机内存的管理。

2）存储

存储（Storage）主要包括了虚拟机文件系统（VMFS）、精简盘（Thin Provisioning）、存储读写控制（Storage I/O Control）。

虚拟机文件系统（VMFS）是跨越多个物理服务器实现虚拟化的基础。

精简盘（Thin Provisioning）是对虚拟机硬盘文件 VMDK 动态调配的技术。

存储读写控制（Storage I/O Control）是 vSphere 高级特性之一，利用对存储读写的控制使存储实现更好的性能。

3）网络

网络（Network）包括了分布式交换机（Distributed Switch）和网络读写控制（Network I/O Control）。

前者是 vSphere 虚拟化架构网络核心之一，是跨越多台 ESXi 主机的虚拟交换机；后者是 vSphere 高级特性之一，通过对网络读写的控制使网络实现更好的性能。

（2）应用服务

应用服务（Application Service）定义了可用性（Availability）、安全性（Security）、扩展性（Scalability）三大部分。

1）可用性

可用性包括了实时迁移（vMotion）、存储实时迁移（Storage vMotion）、高可用性（High Availability）、容错（Fault Tolerance）、数据恢复（Data Recovery）。

① 实时迁移（vMotion）：让运行在 ESXi 主机上的虚拟机可以在开机或关机状态下迁移到另外的 ESXi 主机上。

② 存储实时迁移（Storage vMotion）：让虚拟机在开机或关机状态下，迁移所使用的存储文件到另外的存储设备上。

③ 高可用性（High Availability）：在 ESXi 主机出现故障的情况下，将虚拟机迁移到正常的 ESXi 主机运行，尽量避免由于 ESXi 主机故障而导致服务中断。

④ 容错（Fault Tolerance）：让虚拟机同时在两台 ESXi 主机上以主 / 从方式并发地运行，也就是所谓的虚拟机双机热备，当任意一台虚拟机出现故障，另外一台立即接替工作，用户感觉不到后台已经发生了故障切换。

⑤ 数据恢复（Data Recovery）：通过合理的备份机制对虚拟机进行备份，以便发生故障时能够快速恢复数据。

2）安全性

安全性包括 vShield Zones 和 VMsafe。vShield Zones 是一种安全性虚拟工具，可用于显示和实施网络活动；VMsafe API 使第三方安全厂商可以在管理程序内部保护虚拟机。

3）扩展性

扩展性包括了分布式资源调配（DRS）、热插拔（Hot Add）。

① 分布式资源调配（DRS）：vSphere 高级特性之一，动态调配虚拟机运行的 ESXi 主机，充分利用物理服务器硬件资源。

② 热插拔（Hot Add）：使虚拟机能够在不关机的情况下增加 CPU、内存、硬盘等硬件资源。

（3）vCenter Server

vSphere 虚拟化架构的核心管理工具也是日常管理操作平台。vSphere 虚拟化架构的所有高级特性都必须依靠 vCenter Server 实现，利用 vCenter Server 可以集中管理多个 ESXi 主机及其虚拟机。

（4）虚拟机

虚拟机（Virtual Machine）对于用户来说实际是一台物理机，也拥有 CPU、内存、硬盘等硬件资源，安装操作系统以及应用程序后与物理服务器提供完全一样的服务。

（5）私有云资源池 / 公有云

私有云资源池（Private Cloud Resource Pool）由硬件资源组成，通过 vSphere 管理私有云所有资源。

公有云（Public Cloud）是私有云的延伸，可向外部提供云计算服务。

3. vSphere 虚拟化架构环境构建

（1）主机虚拟化

ESXi 是在物理服务器上安装虚拟化管理服务，用于管理底层硬件资源。安装 ESXi 的物理服务器被称作 ESXi 主机，是 vSphere 虚拟化架构的基础。

（2）虚拟化架构管理工具安装

VMware vCenter Server（简称 VC）是 VMware vSphere 虚拟化架构中重要的管理工具。通过 VMware vSphere Client 登录到 vCenter Server 可以管理所有 ESXi 主机以及虚拟机，并且可以实现 vSphere 虚拟化架构的所有高级特性，例如 vMotion、DRS、HA、FT 等。

vCenter Server 由 ESXi 主机、vSphere Client（客户端）、vCenter Server、存储、活动目录等几部分构成，其中活动目录不是必需的，如图 3-16 所示。

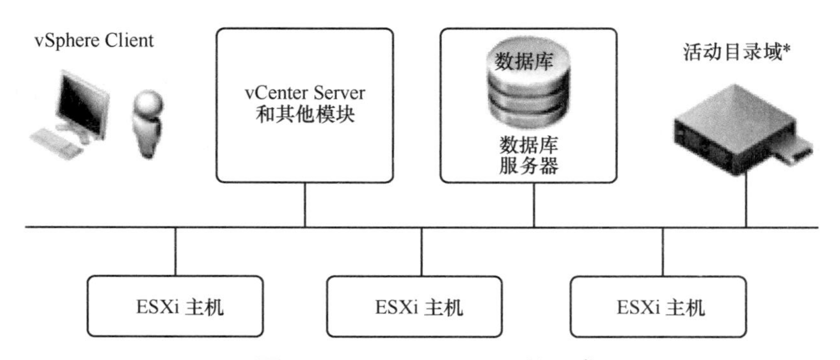

图3-16　vCenter Server的组成

安装 vCenter Server 必须使用 64 位版本的 Windows 系统，Windows Server 2003 或 Windows Server 2008 的 64 位版都可以正常安装，vCenter Server 支持多种数据库，在安装文件中集成 Microsoft SQL2008 R2 Express，但只能支持 5 个 ESXi 主机以及 50 个虚拟机，数量有限制。大型应用环境推荐使用外部数据库。目前，vCenter Server 支持的数据库有 IBM DB2、Microsoft SQL Server2005/2008、Oracle 10g。

其具体安装步骤与安装一般应用程序类似，不再详述。

（3）ESXi 主机加入 vCenter Server

安装好 vCenter Server 后，我们使用 VMware vSphere Client 登录 vCenter Server，进入 vCenter Server 操作界面，由于 vCenter Server 是以数据库模式存在的，要将 ESXi 主机加入管理，必须先创建新的数据中心，我们在 vCenter Server 上单击鼠标右键，选择“New Datacenter”，在新建的数据中心上单击鼠标右键，选择“Add Host（添加主机）”，将 ESXi 主机添加至 vCenter Server。之后我们将在 vCenter Server 中对所有加入的主机进行虚拟机的创建及管理，如图 3-17 所示。

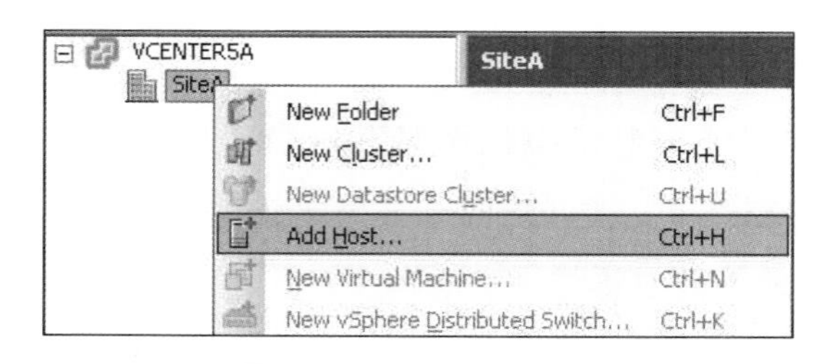

图3-17　添加主机界面

3.2.5　桌面及应用虚拟化基本技术简介

桌面虚拟化是将计算机的终端系统（也称作桌面）进行虚拟化，以实现桌面使用的安全性和灵活性。我们可以使用任何设备，在任何地点、任何时间通过网络访问属于我们个人的桌面系统。

在虚拟桌面模式下，每个人独享自己的操作系统。桌面操作系统虚拟化将带来很多好处，具体如下：

① 信息保存在数据中心保证了数据的安全性；

② 能够提升桌面的性能，因为它和应用后端的服务器都在数据中心运行；

③ 桌面可以分享最新、最强大的服务器硬件；

④ 可以从任何地点远程访问桌面；

⑤ 维护桌面的费用大大降低。

提供桌面虚拟化解决方案的主要厂商包括微软、VMware、Citrix，我们将主要介绍一下 VMware 的 VMware View。

1. VMware View 桌面系统介绍

VMware View 是全球首款针对桌面虚拟化的企业级解决方案，据 Gartner 于 2010 年 4 月针对全球使用桌面虚拟化采集的数据：VMware View 市场占用率高达 56%。VMwareView 虚拟桌面技术已经成为 IT 界讨论的焦点。

VMware View 建立在业界最广泛部署的虚拟平台 VMware vSphere 上，简化了 IT 管理与控制，提供集中、自动化的桌面管理，使可用性、可靠性以及安全级别远超出传统 PC 的水平，最高能将运营成本降低 50%。

2. VMware View 架构的角色介绍

（1）客户端设备

使用 VMware View 的一大优势在于，最终用户可以在任何地点使用任何设备访问桌面。用户可以通过公司的笔记本电脑、家用 PC、瘦客户端设备等访问其个性化虚拟桌面。在 Tablet、Mac 和 Windows 笔记本电脑及 PC 中，最终用户只需打开 View Client 就能看到 View 桌面；瘦客户端设备使用 View 瘦客户端软件，用户可以对其进行配置，使 View 瘦客户端成为用户在设备上唯一能直接启动的应用程序；将传统 PC 作为瘦客户端桌面使用，可以使硬件的使用寿命延长 3~5 年，例如，通过在瘦客户端桌面中使用 VMware View，用户可以在旧版桌面硬件上使用 Windows7 等新型操作系统。

（2）View Connection Server

该服务充当客户端连接点。View Connection Server 通过 Windows ActiveDirectory 对用户进行身份验证，并将请求定向到相应的虚拟机、物理或刀片 PC 或 Windows 终端服务服务器。View Connection Server 提供了以下管理功能：用户身份验证授权、用户访问特定的桌面和池，且通过 VMware ThinApp 将打包的应用程序分配给特定桌面和池，管理本地和远程桌面会话。

（3）View Client

View Client 用于访问 View 桌面的客户端软件，Client 可以在 Tablet、Windows 或 Mac PC 或笔记本电脑、瘦客户端等平台上运行。

（4）View Agent

用户可以在所有用作 View 桌面源的虚拟机、物理系统和终端服务服务器上安装 View Agent 服务。

（5）View Composer

View Composer 可以从指定的父虚拟机创建链接克隆池，这种方法可节约 90% 的存储成本。

（6）View Transfer Server

该软件用于管理和简化数据中心与在最终用户本地系统上检出使用的 View 桌面之间的数据传输。必须安装 View Transfer Server 才能支持运行 View Client with Local Mode（之前被称为 Offline Desktop）的桌面。

（7）VMware ThinApp

该功能将应用程序封装到可在虚拟化应用程序沙箱中运行的单独文件中。采用这种方法可以灵活地部署应用程序，而且不会产生冲突。

3. View 体系结构

View 体系结构如图 3-18 所示。

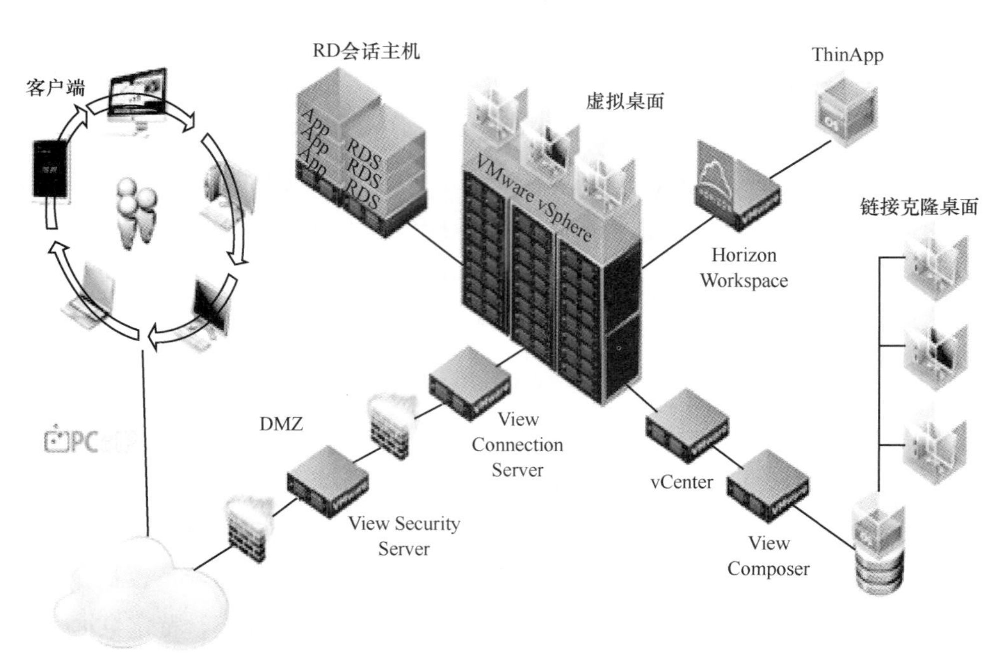

图3-18　View体系结构

3.3 任务三：云计算应用技术简介

【任务描述】

任务三主要介绍云计算使用的关键技术以及其应用场景，并对其未来发展方向进行展望。

【知识要点】

1. 云计算关键技术：编程模式、海量数据分布存储技术、海量数据管理技术、虚拟化技术、云计算平台管理技术。

2. 云计算应用：云物联、云安全、云存储、云游戏、云计算。

3.3.1 云计算的关键技术

1. 编程模式

现有的云计算主要通过MapReduce编程模式来进行编程。以MapReduce编程模式编写出来的程序具有很好的兼容性，同时也具备很强的容错性，一旦服务器工作节点出现问题，程序可以直接将出现问题的节点屏蔽，同时将正在运行的程序转移到其他服务器上运行，这样就能保证数据处理工作的正常进行。

2. 海量数据分布存储技术

云计算一般通过分布式存储的手段来进行数据储存，在冗余式存储的支持下，数据保存的可靠性能够提高，这样就能让数据同时存在多个存储副本，更加提高了数据的安全性。现有的云计算数据存储主要通过两种技术进行数据储存：非开源的GFS和开源的HDFS。这两种技术实质上是大型的分布式文件系统，在计算机组的支持下向客户提供其所需要的服务。

3. 海量数据管理技术

云计算需要对分布的、海量的数据进行处理、分析，因此，数据管理技术必须能够高效地管理大量的数据。云计算系统中应用的数据管理技术主要是Google的BT（Big Table）数据管理技术和Hadoop团队开发的开源数据管理模块应用技术——HBase。

4. 虚拟化技术

服务器虚拟化是云计算底层架构的重要基石。在服务器虚拟化中，虚拟化软件需要实现对硬件的抽象，对资源的分配、调度和管理，虚拟机与宿主操作系统及多个虚拟机间的隔离等功能，目前典型的实现（基本成为事实标准）有 Citrix Xen、VMware ESX Server 和 Microsoft Hype-V 等。

5. 云计算平台管理技术

云计算资源规模庞大，服务器数量众多并分布在不同的地点，同时其上运行着数百种应用，如何有效地管理这些服务器，保证整个系统提供不间断的服务是巨大的挑战。云计算系统的平台管理技术能够使大量的服务器协同工作，方便业务部署和开通，快速发现和恢复系统故障，并通过自动化、智能化的手段实现大规模系统的可靠运营。

3.3.2 云计算的应用

1. 云物联

物联网是互联网的发展和延伸，它将原来的人与人、人与物互联，发展成为物与物的互联。物联网的应用和发展是科技进步、社会不断发展的产物，云计算在对信息进行处理和应用上，发挥着相当重要的作用。

2. 云安全

云安全是一个由“云计算”演变而来的新词。云安全的构想策略是：使用者越多，每个使用者就相对地越安全，这是因为，如此庞大的用户群，足可以覆盖互联网的每一个角落，只要某个木马或某个新病毒一出现，立刻就会被发现并截获。

3. 云存储

云存储是指通过虚拟化、网格技术或分布式文件系统等技术功能，将网络中各种不同类型的、大量的硬件存储设备通过特定软件集合起来协同工作，共同对外提供数据存储和业务访问功能的系统。当云计算系统的主要工作是对大批量数据进行存储和管理时，云计算系统中就需要配置大量的存储设备，这时，云计算系统就转变为一个云存储系统。所以云存储是一个以数据存储和管理为核心的云计算系统。

4. 云游戏

云游戏是以云计算为技术支撑基础开发的一种游戏方式，在云游戏的运行模式环境下，所有游戏都在服务器端运行，渲染后的游戏画面经压缩后通过网络被传送给游戏用户。在客户端，用户的游戏设备不需要更换为任何高端处理设备，只需要具备基本的视频解压能力就可以得到视觉效果一流的游戏画面。

5. 云计算

从技术上看，云计算与大数据的关系就像一枚硬币的反正面一样密不可分。大数据必然无法通过单一的计算机进行处理，必须采用分布式计算架构体系。它的特点在于对海量数据的深刻挖掘，但它必须依托云计算的分布式处理技术、分布式数据库管理、云存储技术和虚拟化技术。

3.3.3 云计算的发展展望

1. 重新定义服务模式

随着云计算的发展，云服务和解决方案将随之增多。软件即服务（SaaS）预计到2020年将以18%的年均复合增长率增长；平台即服务（PaaS）的采用率将在2020年达到56%；2020年，基础设施即服务（IaaS）的市场规模将超过615亿美元。现阶段，云计算是一种业务模式，服务提供商在定制的环境中处理客户的完整基础架构和软件需求。随着企业云服务的应用，云文件共享服务将会增多，而消费者云服务也将会随之增长。

2. 混合云成优选

近年来，云到云连接不断增长。当前，多个云提供商都开放了平台上的API，以连接多个解决方案，API有助于同步多学科和跨功能的流程。通过允许数据和应用程序共享，实现公有云和私有云融合的云计算环境被称为混合云。为满足业务需求，未来企业将选择混合云，并进行大量定制，同时保留其内部解决方案。考虑到数据流的控制，内部部署是保障网络安全性更好的选择，因而，未来企业将更加钟情于私有云+公有云。

3. 众包数据替代传统云存储

传统的云存储不安全、速度慢且成本高，因此，Google Drive和Drop Box等众包数据存储应运而生。企业也正在使用这种类型的存储来生成更多的众包数据。例如，谷歌和亚马逊正在为大数据、数据分析和人工智能等应用提供免费的云存储，以便生成众包数据。

4. 云安全支出剧增

云应用越多，云安全性越加脆弱，2018年全球信息安全产品和服务支出超过1140亿美元，比2017年增加12.4%，2019年市场规模预计将增长8.9%达1240亿美元。未来，云计算行业期待更多网络安全公司提出新的云安全措施。

5. 物联网（IoT）和云计算

云和物联网（IoT）是不可分割的，因为物联网需要云来运行和执行。物联网是一套完整的管理和集成的服务，允许企业大规模从全球分散的设备连接、管理和物联网获取数据，对数据进行实时处理和分析，实施操作变更，并根据需要采取行动。

2017年12月3日，在世界互联网大会上，亚马逊全球AWS公共政策副总裁迈克尔·庞克表示："随着IoT的发展，我们现在进入了一个万物互联的时代，数以万计的产业、行业通过互联网实现互联。"现在，越来越多的物联网连接到云端，因此云计算的使用将和物联网一起不断发展。

6. 实现无服务器

云计算的应用优势之一便是无服务器，无服务器应用将为那些专注于网络安全和恶意软件防护的企业提供即时支付型付费模式。触发式日志、数据包捕获分析和使用无服务器基础架构的流量信息将变得更加普遍，中小型企业能够获得与大型企业一样的规模效益和灵活性。

云计算是信息技术发展和服务模式创新的集中体现，是信息化发展的重大变革和必然趋势，是信息时代国际竞争的制高点和经济发展新动能的助燃剂。云计算引发了软件开发部署模式的创新，成为承载各类应用的关键基础设施，并为大数据、物联网、人工智能等新兴领域的发展提供基础支撑。据统计，中国云计算市场正以约 30% 的增速高速发展。

3.4 任务四：大数据简介及数据共享与整合

【任务描述】

小明同学说："朱老师，我们对数据及大数据的理解很抽象，能不能用通俗易懂的表述让我们理解？对于大数据处理与智能决策和数据共享与数据整合技术，我们能学习到哪些知识？这些课程的目标是什么？我们毕业之后有哪些岗位和这些课程相吻合？"

朱老师回答道："通过学习任务四，小明同学提出的几点问题我都会细详讲解，请同学们认真听讲，这两门课程也是我们移动互联技术专业方向较为重要的两门课程，对于就业前景和就业岗位，我也将会进行详细的介绍"。

【知识要点】

1. 数据的基本概念。

2. 大数据的概念及基本特征为：Volume、Variety、Value 和 Velocity，即体量大、多样性、价值密度低、速度快。

3. 大数据技术：数据采集、数据存储、数据管理和数据分析、挖掘技术、模型预测和结果呈现。

大数据处理过程：捕获、组织、分析、决策。

4. 大数据处理与智能决策：主要介绍大数据处理技术以及 Hadoop 家族体系的其他核心成员，包括 HDFS、ZooKeeper、HBase、Sqoop、Hive 等知识内容，讲解贴近实际应用，帮助毕业后从事大数据岗位的学生初步奠定基础。

5. 就业前景及就业岗位简介。

3.4.1 数据的基本概念

数据是指对客观事件进行记录并可以鉴别的符号，是对客观事物的性质、状态以及相互关系等进行记载的物理符号或这些物理符号的组合。它是可识别的、抽象的符号。它不仅是狭义上的数字，还是具有一定意义的文字、字母、数字符号的组合、图形、图像、视频、音频等，也是客观事物的属性、数量、位置及其相互关系的抽象表示。例如“0，1，2…”“阴、雨、下降、气温”“学生的档案记录、货物的运输情况”等都是数据。数据经过加工后就成为信息。

在计算机科学中，数据是指所有能输入计算机并被计算机程序处理的符号的介质的总称，是用于输入电子计算机进行处理，具有一定意义的数字、字母、符号和模拟量等的通称。现在，计算机存储和处理的对象十分广泛，表示这些对象的数据也随之变得越来越复杂。

数据结构：相互之间具有（存在）一定联系（关系）的数据元素的集合。

目标：将数据集视为一种抽象工具来访问，而不是从计算机内存的组织角度考虑问题。

数据的逻辑结构：数据元素之间的逻辑关系，即从逻辑关系上描述数据，它与数据的存储无关，是独立于计算机的，如图 3-19 所示。

数据的物理结构：物理结构也被称作存储结构，是数据的逻辑结构在计算机存储器内的表示（或映像）。它依赖计算机。

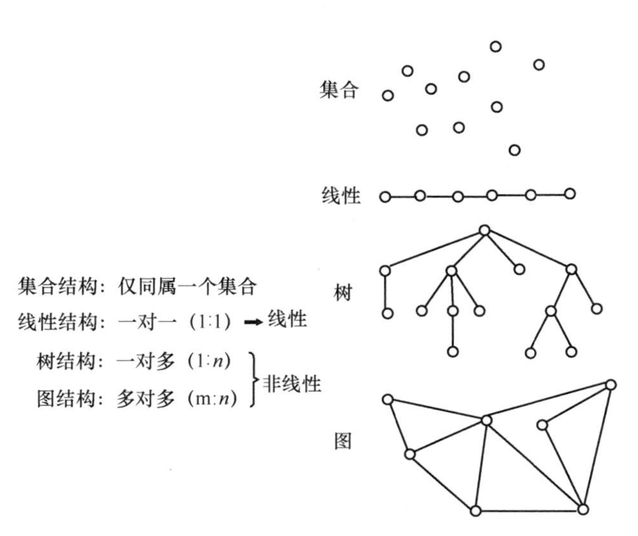

图3-19 数据的逻辑结构

数据运算（非数值）：在数据的逻辑结构上定义的操作算法，它在数据的存储结构上实现，如图 3-20 所示。

插入、删除、修改、查找、排序

图3-20　数据运算

1. 算法和数据结构的关系

程序 = 数据结构 + 算法。

数据结构是底层，算法是高层。数据结构为算法提供服务，算法围绕数据结构操作。

解决问题（算法）需要选择正确的数据结构。例如，算法中经常需要对数据进行增加和删除，此时，用链表数据结构效率高，数组数据结构因为增加和删除需要移动数字每个元素，所以效率低。

2. 数据管理与数据处理（海量存储器）

① 数据管理：对数据收集、整理、组织、存储、维护、检索、传送等。

② 数据处理：对数据进行加工、计算、提炼，从而产生新的有效数据的过程。

3. 数据管理的发展阶段

（1）人工管理阶段（20 世纪 50 年代中期以前）

特点：不保存数据，程序员负责数据管理的一切工作，数据和程序一一对应，没有独立性和共享性。

（2）文件系统阶段（20 世纪 50 年代中期至 60 年代后期）

硬件：有了大容量直接存储外存设备，如磁盘、磁鼓等。

软件：有了专门的数据管理软件，即文件系统。

处理方式：批处理、联机实时处理等。

数据管理的缺点如下。

① 数据高度冗余：数据基本上还是面向应用或特定用户的。

② 数据共享困难：文件基本上是私有的，只能提供很弱的文件级共享。

③ 数据和程序缺乏独立性：只有一定的物理独立性，完全没有逻辑独立性。

（3）数据库系统阶段（20 世纪 60 年代后期以后）

数据库方法的出发点：将数据统一管理、控制，共享使用。

其主要优点如下。

① 数据结构化高度集成，面向全组织。

② 数据共享性好，可供多个不同的用户共同使用。

③ 数据冗余少、易扩充。

④ 数据和程序的独立性高。

⑤ 数据控制统一。

- 安全性控制：防止泄密和破坏。
- 完整性控制：正确、有效、相容。
- 并发控制：多用户并发操作的协调控制。
- 故障恢复：发生故障时，将数据库恢复到正确状态。

数据管理的各个阶段如图 3-21 所示。

	人工管理	文件管理	数据库管理
谁管理数据	程序员	操作系统提供存取方法	系统集中管理
面向谁	特定	基本上是特定用户	面向系统
共享性	不能	共享很弱	充分共享
数据独立性	没有	一定的物理独立性	较高的独立性

图3-21 数据管理的各个阶段

4. 数据仓库

数据仓库（Data Warehouse，DW/DWH）是为企业所有级别的决策制订过程提供所有类型数据支持的战略集合。它是单个数据存储、出于分析性报告和决策支持目的而创建的，为需要业务智能的企业提供业务流程改进、监视时间、成本、质量以及控制方面的指导。

数据仓库由数据仓库之父比尔•恩门（Bill Inmon）于 1990 年提出，数据仓库的核心功能是从源系统抽取数据，通过清洗标准化，将数据加载到商业智能平台，进而满足业务用户的数据分析和决策支持，具体如图 3-22 所示。

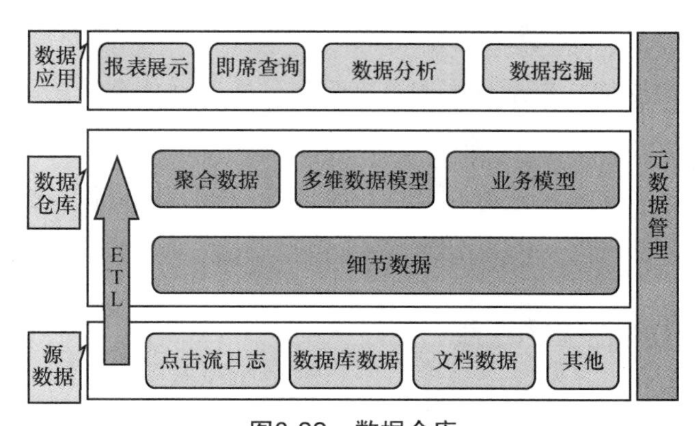

图3-22 数据仓库

联机事务处理（On-Line Transaction Processing，OLTP）是传统的关系型数据库的主要应用，主要负责基本的、日常的事务处理，例如银行交易。OLTP 系统强调数据库内存效率、内存各种指标的命令率、绑定变量和并发操作。

联机分析处理（On-Line Analytical Processing，OLAP）则强调数据分析、SQL执行市场、磁盘I/O和分区等。

两者对比如图3-23所示。

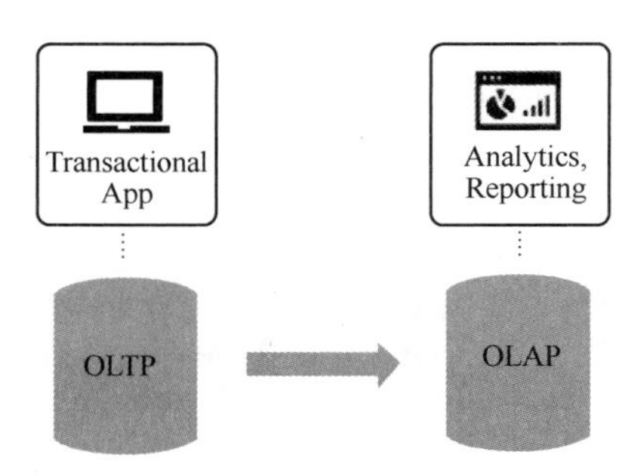

	OLTP	OLAP
用户	操作人员、低层管理人员	决策人员、高级管理人员
功能	日常操件处理	分析决策
DB设计	面向应用	面向主题
数据	当前的、最新的、细节的、二维的、分立的	历史的、聚集的、多维的、集成的、统一的
存取	读/写数十条记录	读上百万条记录
工作单位	简单的事务	复杂的查询
用户数	上千个	上百万个
DB大小	100MB～1GB	100GB～1TB
时间要求	具有实时性	对时间的要求不严格
主要应用	数据库	数据仓库

图3-23　OLTP与OLAP的具体对比

数据仓库系统有以下特点。

① 数据仓库是面向主题的。操作型数据库的数据组织面向事务处理任务，而数据仓库中的数据是按照一定的主题域进行组织的。

② 数据仓库是集成的。数据仓库的数据来自分散的操作型数据，它们从原始数据中抽取出来，进行加工与集成，统一综合之后才能进入数据仓库。

③ 数据仓库是不可更新的。数据仓库主要是为决策分析提供数据，所涉及的操作主要是数据的查询。

3.4.2　大数据的基本概念和特点

随着数据量的增加，大数据一词越来越多地被提及。

数据正在迅速膨胀并变大，它决定着企业的未来发展，虽然很多企业可能没有意识到数据爆炸性增长带来的问题，但是随着时间的推移，人们将越来越多地意识到数据对企业的重要性。

大数据是指无法在一定时间范围内用常规软件工具进行捕捉、管理和处理的数据集合。它是需要新的处理模式才能挖掘出更强的决策力、洞察力和流程优化能力的海量、高增长率和多样化的信息资产。

大数据是指在10TB（1TB=1024GB）规模以上的数据量。大数据同过去的海量数据有所区别，其基本特征可以用4个V来总结（Volume、Variety、Value和Velocity，即体量大、多样性、价值密度低、速度快）。

Volume：大数据的量比较大，很多客户内部都有几PB数据，还有淘宝都是几PB数据，所以PB化的数据将是比较常态的情况。

非结构化数据的超大规模和增长，占总数据量的80%～90%，是传统数据仓库的10倍到50倍。

Velocity：因为数据存在时效性，需要快速处理，并得到相关结果。数据处理需要“1秒定律”。这也和传统的数据挖掘技术有着本质的区别。物联网、云计算、移动互联网、车联网、手机、平板电脑、PC以及遍布全球各个角落的各种各样的传感器，无一不是数据来源或承载的方式。

Variety：不同的数据有不同的格式，第一种是结构化，还有半结构化网页数据和非结构化视音频数据。数据的类型繁多，包括网络日志、视频、图片、地理位置信息等。

Value：不经过处理的相关信息的价值较低，这些数据属于价值密度低的数据。例如，视频的监控过程中，可能有用的视频仅有一两秒。

总的来说，“Volume、Variety、Velocity、Value”就是“大数据”的显著特征，如图3-24所示，具有这些特点的数据才是大数据。

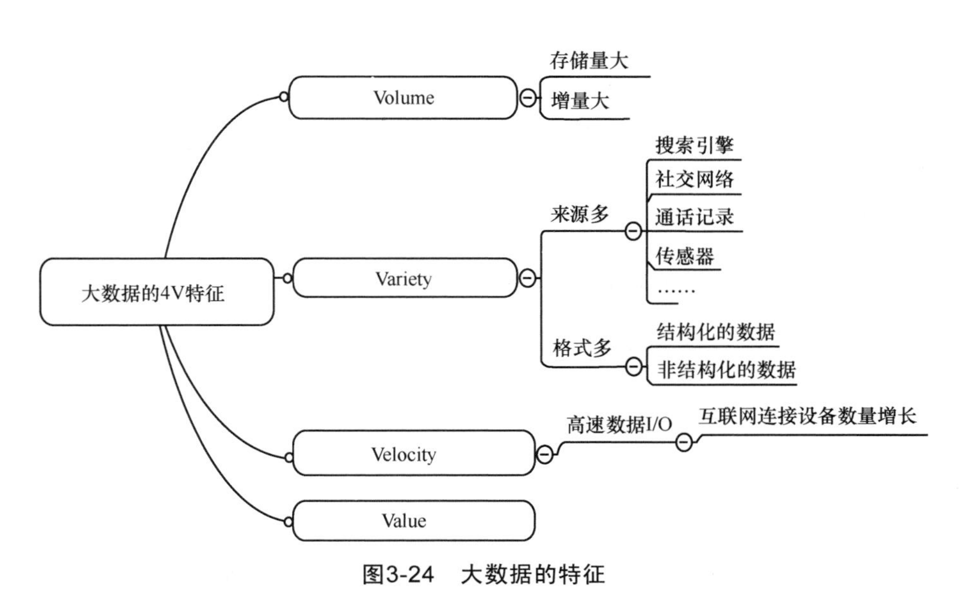

图3-24 大数据的特征

大数据是通过不同的设备和应用程序所产生的数据，具体渠道来源有以下几种。

① 社会化媒体数据：社会化媒体，如 Facebook 和 Twitter 保存了在其网站上发布信息的用户意见和观点，用户数量达数千万，遍及世界各地。

② 证券交易所数据：交易所保存有关“买入”和“卖出”的数据。

③ 电网数据：电网数据包括基站所消耗的特定节点的信息。

④ 交通运输数据：交通数据包括车辆的型号、容量、距离和可用性信息。

⑤ 搜索引擎数据：搜索引擎获取大量来自不同数据库的数据。

传统的数据仓库难以处理大数据，主要有以下几点原因。

① 数据量过于庞大，集中存储 / 集中计算很难获得令人满意的效果。

② 绝大部分数据是垃圾数据，全部放入 DW 中是对资源的浪费。

③ 传统 DW 在应对大数据的多样化格式上比较吃力。

革新性的技术手段有以下几种。

① 海量数据“分而治之”——批量分布式并行计算 Hadoop 。

② 海量数据“灵活多变”——实时分布式高并发数据存取处理 NoSQL 。

③ 海量数据“跨越鸿沟”——大数据超高速装载进数据库 。

3.4.3 大数据技术和实际应用

1. 大数据技术

大数据技术主要包括数据采集、数据存储、数据处理和数据分析与挖掘技术等，如图 3-25 所示。

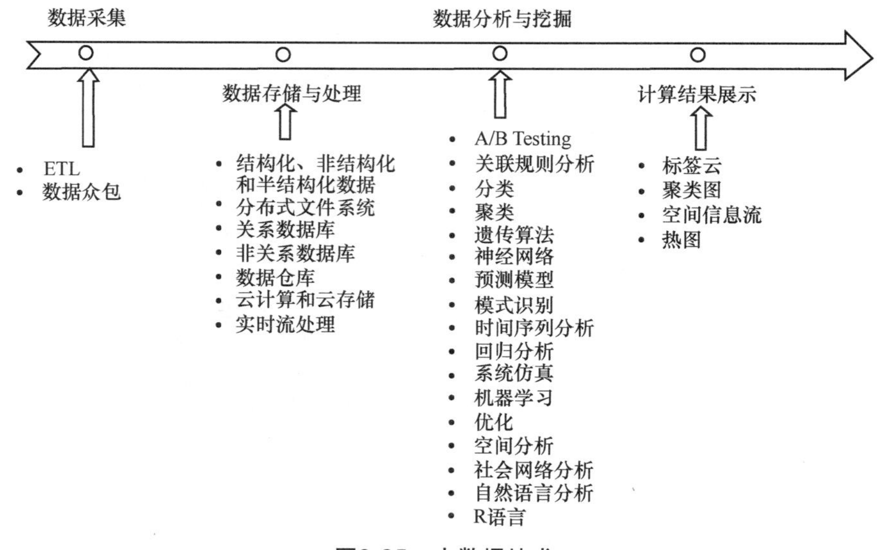

图3-25　大数据技术

① 数据采集：ETL 工具负责将分布的、异构数据源中的数据，如关系数据、平面数据文件等抽取到临时中间层后进行清洗、转换、集成，最后将其加载到数据仓库或数据集市中，成为联机分析处理、数据挖掘的基础。

② 数据存储：关系数据库、NoSQL、SQL 等。

③ 数据处理：自然语言处理技术。

④ 数据分析：包括假设检验、显著性检验、差异分析、相关分析、多元回归分析、逐步回归、回归预测与残差分析等。

⑤ 数据挖掘：包括分类、估计、预测、相关性分组或关联规则、聚类、描述和可视化、复杂数据类型挖掘（Text、Web、图形图像、视频、音频等）。

⑥ 模型预测：包括预测模型、机器学习、建模仿真。

⑦ 结果呈现：包括云计算、标签云、关系图等。

2. 大数据处理和实际应用

（1）传统企业的数据解决方案

对于存储而言，程序员会自己选择数据库厂商，如 Oracle、IBM 等，用户交互使用应用程序进而获取并处理数据存储和分析。传统数据解决方案如图 3-26 所示。

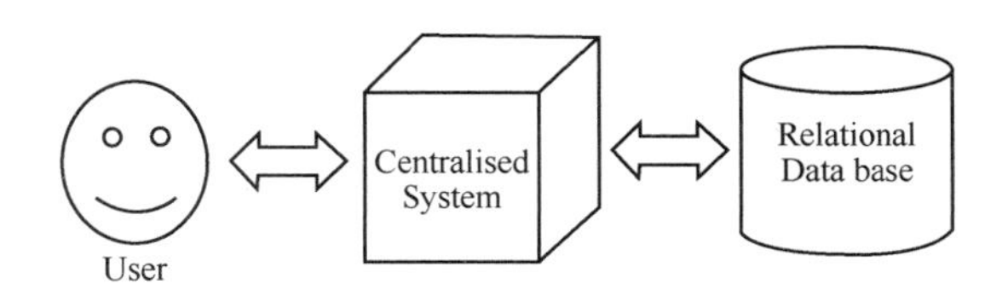

图3-26　传统数据解决方案

上述解决方案能完美地处理那些由标准的数据库服务器存储或处理器限制少的应用程序，但是，当涉及处理大量的可伸缩数据时，只能通过单一的数据库来处理这些数据。

（2）利用大数据更好地决策

大数据处理过程如图 3-27 所示。

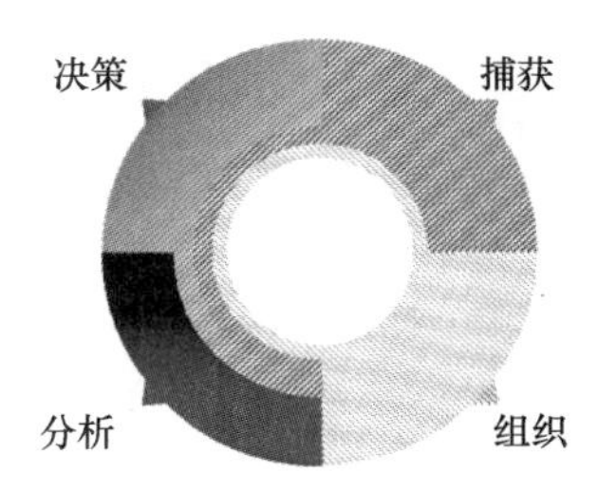

图3-27　大数据处理过程

① 大数据捕获面临的挑战如图 3-28 所示。

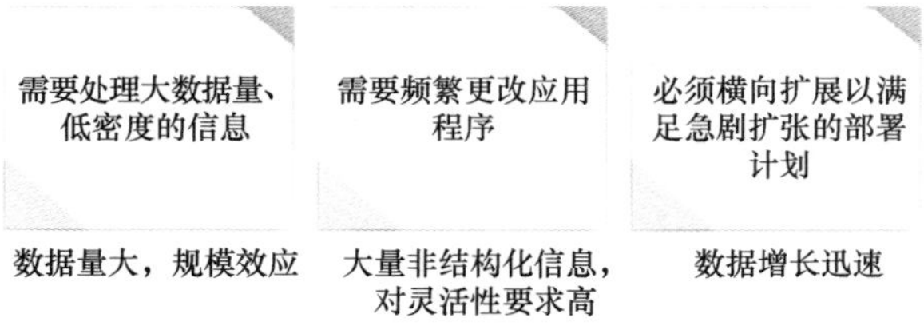

需要处理大数据量、低密度的信息

需要频繁更改应用程序

必须横向扩展以满足急剧扩张的部署计划

数据量大，规模效应

大量非结构化信息，对灵活性要求高

数据增长迅速

图3-28　大数据捕获面临的挑战

NoSQL（Not Only SQL）指非关系型数据库。随着互联网 Web2.0 网站的兴起，传统的关系型数据库在应付 Web2.0 网站，特别是超大规模和高并发的 SNS 类型的 Web2.0 纯动态网站时已经显得力不从心了，暴露了很多难以克服的问题。而非关系型数据库则由于其本身的特点得到了非常迅速的发展。

NoSQL 数据库的产生就是为了解决大规模数据集合和多重数据种类带来的挑战，尤其是大数据应用的难题。

RDBMS（Relational Database Management System，关系型数据库）的特点包括高度组织结构化数据、结构化查询语言（SQL）、数据和关系都存储在单独的表中、数据操纵语言、数据定义语言、严格的一致性、基础事务。

NoSQL 模式的特点如下：

- 不仅是 SQL；
- 没有声明性查询语言；
- 没有预定义的模式；
- 键—值对存储、列存储、文档存储、图形数据库；
- 非结构化和不可预知的数据；
- 高性能、高可用性和可伸缩性。

② 以高度并行的方式组织和提取大数据的要求如图 3-29 所示。

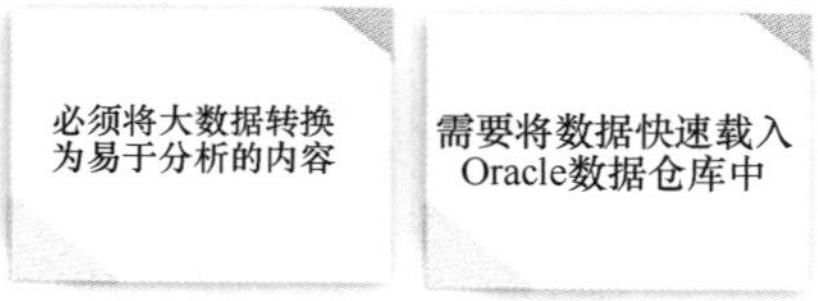

必须将大数据转换为易于分析的内容

需要将数据快速载入Oracle数据仓库中

图3-29　大数据提取

Hadoop 是一个由 Apache 基金会开发的分布式系统基础架构。用户可以在不了解分布式底层细节的情况下，开发分布式程序。Hadoop 能充分利用集群的威力进行高速运算和存储，基础机构如图 3-30 所示。

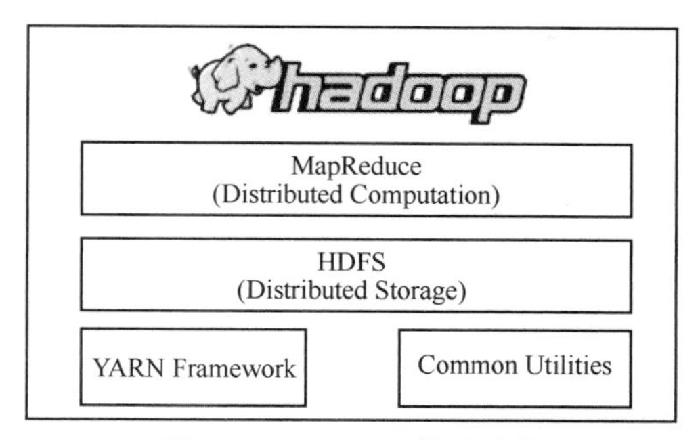

图3-30　Hadoop基础结构

建立高配置、处理大规模数据的服务器是相当昂贵的，但是作为替代，我们可以将普通电脑的单 CPU 连在一起，作为一个单一功能的分布式系统，实际上，集群机可以平行读取数据集，并提供高吞吐量。

（a）Hadoop 分布式文件系统

Hadoop 分布式文件系统（HDFS）基于谷歌文件系统（GFS）提供了在普通硬件上运行的分布式文件系统。 它与现有的分布式文件系统有许多相似之处。它高度容错，并且被设计适合在低成本的硬件上运行，提供了高吞吐量的应用数据访问，并且适用于具有大数据集的应用程序。

（b）MapReduce

MapReduce 是一种并行编程模型，它借助于函数式程序设计语言 Lisp 的设计思路，提供了一种简便的并行程序设计方法，用 Map 和 Reduce 两个函数编程实现基本的并行计算任务，提供了抽象的操作和并行编程接口，简单方便地完成大规模数据的编程和计算处理。它同时也是一个基于集群的高性能并行计算平台，它允许用市场上普通的商用服务器构成一个包含数十、数百至数千个节点的分布和并行计算集群。MAP/HDFS 如图 3-31 所示。

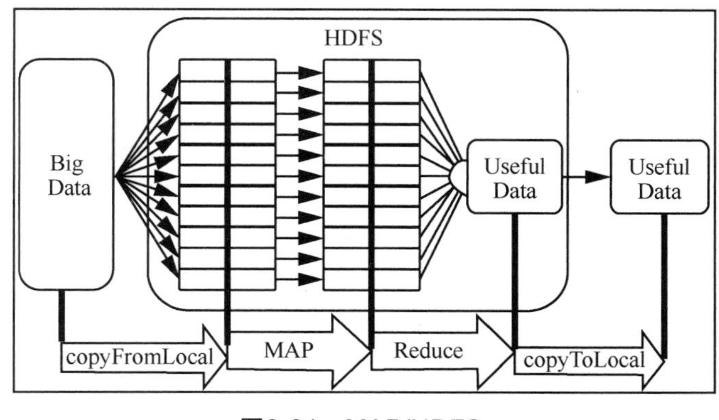

图3-31　MAP/HDFS

例如：我们要统计图书馆中所有书名中含有“data”的图书的数量，怎样统计效率最高？你统计 1 号书架，我统计 2 号书架，我们人越多，统计的书目就越快。这就是 Map，最后，把所有人的统计数量加在一起就是 Reduce，如图 3-32 所示。

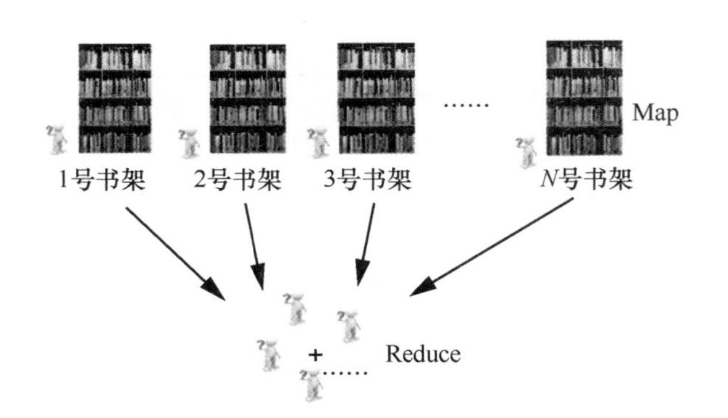

图3-32　统计图书馆图书

对海量非结构数据的分布式并行处理架构就是 Hadoop 的实质，具体架构如图 3-33 所示。

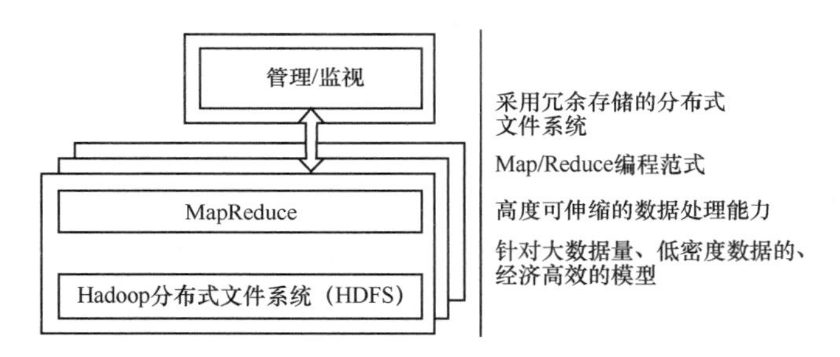

图3-33　Hadoop的架构

③ 立即分析所有数据。

大数据分析过程如图 3-34 所示。

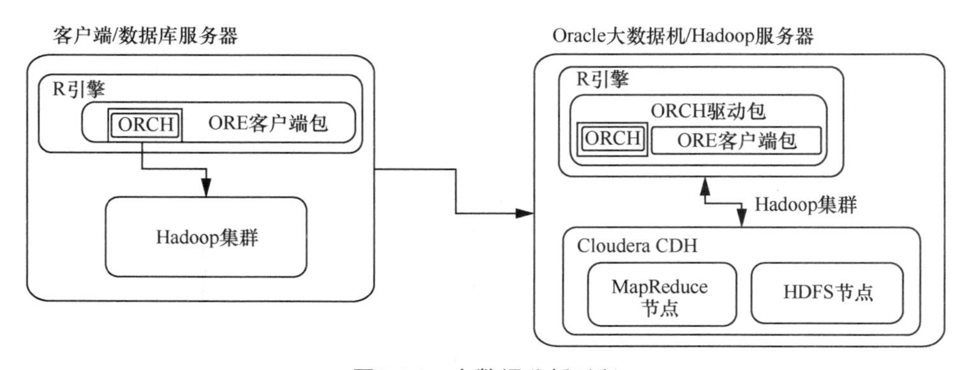

图3-34　大数据分析过程

④ 根据实时大数据进行决策，如图 3-35 所示。

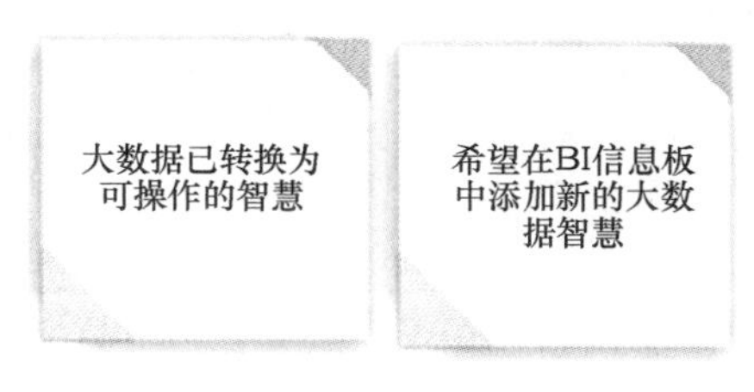

图3-35　利用大数据决策

大数据处理过程如图 3-36 所示。

（3）大数据应用实际案例

1）电子商务行业

电子商务行业通过大数据技术可以及时了解客户数量及回购信息，还可以很清晰地知道不同类别客户的回购周期时长，为企业实施精准营销奠定坚实的基础。因此，企业可以利用大数据产生的信息在适当的时机针对不同类别的客户进行促销，为企业带来收入和利润，如图 3-37 所示。

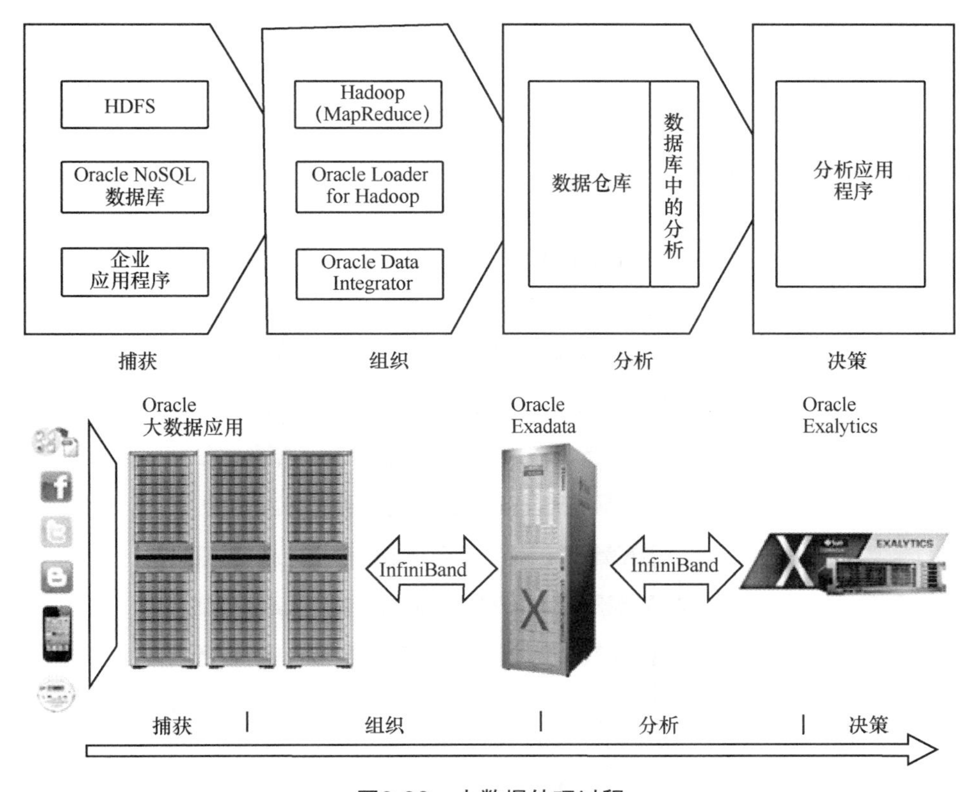

图3-36　大数据处理过程

新客户复购分析——生命周期分析

Data winner

Data Mining Inside

出现两次回购的新客户，30%在购后26天内两次购买，405天仍未回购的新客户进入流失期；

首次购买的新客户，应保持活跃期的回购刺激频次和沉默期的回购刺激力度。

■ 30%的客户在26天内回购（活跃期）		■ 30%的客户在27~133天内回购（沉默期）		■ 30%的客户在134~404天内回购（睡眠期）		■ 10%的客户在405天之后回购（流失期）	
输%	购买间隔	输%	购买间隔	输%	购买间隔	输%	购买间隔
-5%	2	-35%	36	-65%	156	-95%	528
-10%	5	-40%	50	-70%	184	-100%	1146
-15%	7	-45%	68	-75%	229		
-20%	12	-50%	89	-80%	296		
-25%	18	-55%	112	-85%	348		
-30%	26	-60%	133	-90%	404		

客户回购时间间隔分布表-%-

占比

17.5 15.0 12.5 10.0 7.5 5.0 2.5 0

0 45 90 135 180 225 270 315 360 405 450 495 540 585 630 675 720 765 810 855 900 945 990 1035 1080 1125

图3-37 大数据应用案例

2）教育行业

现在，大数据分析应用在各个行业，特别是在美国的公共教育中，已成为教学改革的重要力量，如图 3-38 所示。

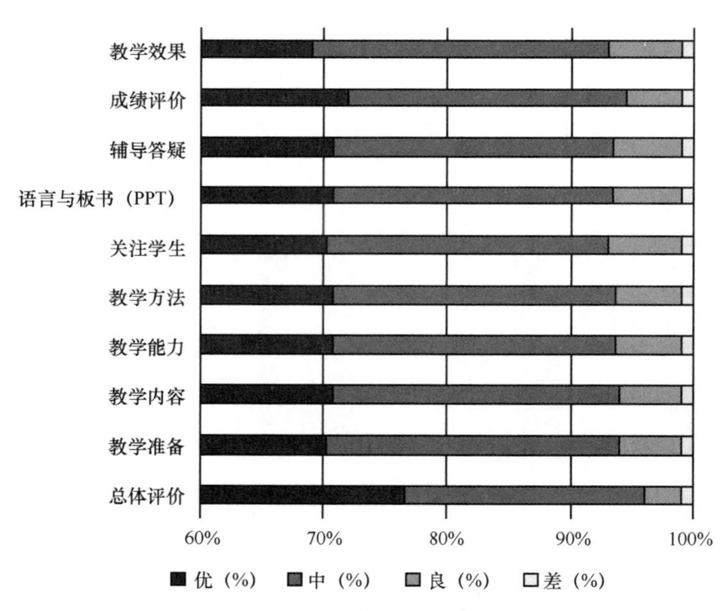

图3-38 大数据应用案例

大数据技术的应用前景十分光明。当前，我国的工业化、信息化、城镇化、农业现代化任务很重，建设下一代信息基础设施、发展现代信息技术产业体系、健全信息安全保障体系、推进信息网络技术广泛的应用，是实现四化同步发展的重要条件。大数据分析对我们深刻领会国情、把握规律、实现科学发展、做出科学决策具有重要意义，我们必须重新认识数据的重要价值。

3.4.4 大数据处理与智能决策

大数据处理与智能决策是学习大数据的一门专业课程，本节主要介绍大数据处理技术以及 Hadoop 家族体系的其他核心成员，包括 HDFS、ZooKeeper、Hbase、Sqoop、Hive 等知识内容，讲解贴近实际应用，帮助毕业后从事大数据工作的学生奠定初步的专业基础。后期我们将在专业课中扩展讲解各个知识点，本节作为导论课，主要是同学们了解大数据处理与智能决策的基本知识、就业前景和就业岗位的。

1. 大数据处理与智能决策的基本知识

（1）Hadoop 简介及 Hadoop 分布式环境搭建介绍

Hadoop 源自 Doug Cutting 给女儿的大象玩具随口起的名字，这不是单词的缩写，而是虚构的名字。

1）Hadoop 的定义

Apache Hadoop 是一个用 Java 语言实现的软件框架，能在由大量计算机组成的集群中运行海量数据的分布式计算，可以让应用程序支持上千个节点和保存 PB 级别的数据。

2）Hadoop 的特点

① 高可靠性。Hadoop 按位存储和处理数据的能力值得人们信赖。

② 高扩展性。Hadoop 在可用的计算机集群间分配数据并完成计算任务，这些集群可以方便地扩展到数以千计的节点中。

③ 高效性。Hadoop 能够在节点之间动态地移动数据，并保证各个节点的动态平衡，因此处理速度非常快。

④ 高容错性。Hadoop 能够自动保存数据的多个副本，并且能够自动地重新分配失败的任务。

⑤ 低成本。普通机器也可以组成服务器并进行数据的分发及数据的处理。

3）Hadoop 主要解决的问题

① 存储海量数据。

② 分析海量数据。

4）Hadoop 的生态系统

Hadoop 生态系统如图 3-39 所示。

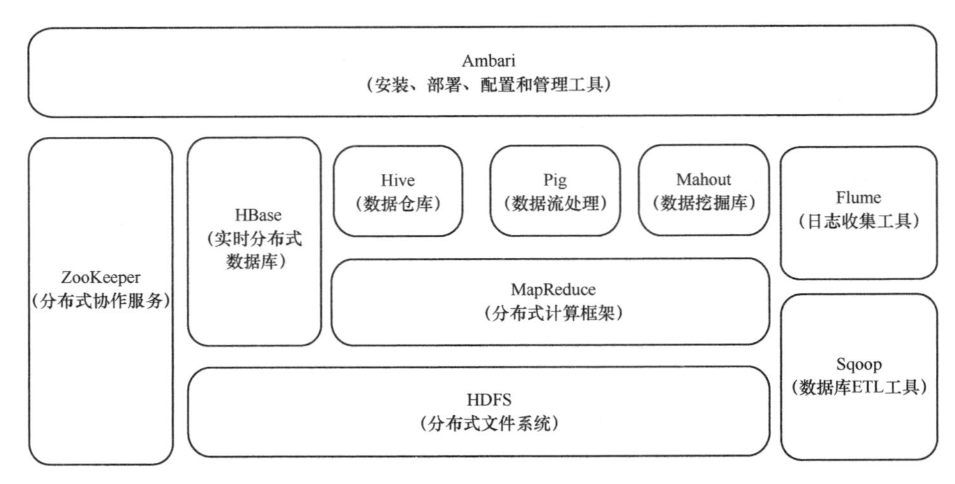

图3-39　Hadoop生态系统

5）HDFS

Hadoop 分布式文件系统是数据存储管理的基础，是一个高度容错的系统，能检测和应对硬件故障，用于在低成本的通用硬件上运行。

6）MapReduce

MapReduce 是一种计算模型，用于进行大数据量的计算。其中，Map 对数据集上的独立元素进行指定的操作，生成键-值对应形式的中间结果。Reduce 则对中间结果中相同“键”的所有“值”进行规约，以得到最终结果。

7）Hive

Hive 定义了一种类似 SQL 的查询语言（HQL），将 SQL 转化为 MapReduce 任务并在 Hadoop 上执行。

8）HBase（分布式数据库）

HBase 是一个针对结构化数据的可伸缩、高可靠、高性能、分布式和面向列的动态模式数据库。

9）ZooKeeper（分布式协作服务）

ZooKeeper 解决分布式环境下的数据管理问题，如统一命名、状态同步、集群管理和配置同步等。

10）Sqoop（数据同步工具）

Sqoop 是 SQL-to-Hadoop 的缩写，主要在传统数据库和 Hadoop 之前传输数据。

11）Pig（基于 Hadoop 的数据流系统）

Pig 提供一种基于 MapReduce 的 Ad-hoc（计算发生在 query 时）数据分析工具，定义了一种数据流语言——Pig Latin，将脚本转换为 MapReduce 任务并在 Hadoop 上执行。

12）Hadoop 的发展历史

Hadoop 始于 2002 年的一个开源 Apache Nutch 项目，是一个开源的网络搜索引擎。在 2005 年，Nutch 项目团队参考 MapReduce 分布式编程思想开发了 MapReduce 分布式处理框架。2006 年 2 月，Nutch 项目将 NDFS 和 MapReduce 独立出来，Hadoop 成为 Lucene 项目的一个子项目。2008 年 1 月，Hadoop 正式成为 Apache 顶级项目，并逐渐被雅虎、Facebook 等大公司采用。

Hadoop 凭借其在大数据处理领域的实用性以及良好的易用性，自 2007 年推出以来，很快就在工业界得到普及应用，并得到了学术界的广泛关注和研究。到目前为止，Hadoop 已经发展了 3 个版本，第 2、3 个版本最大的特色是增加了 YARN 及 NameNode HA。

13）掌握搭建 Hadoop 伪分布式的方法

首先，安装虚拟机及操作系统 Vmware 及 VirtualBox；安装 Linux 操作系统，centOS 选择 7.0 及以上版本。

注意事项：网络方式选择桥接。

其次，配置操作系统。

关闭防火墙的代码分别如下：

【代码 3-1】 关闭防火墙

```
[root@huatec01 ~]# systemctl stop firewalld          // 停止 firewalld
[root@huatec01 ~]# systemctl disable firewalld       //disable 防火墙
[root@huatec01 ~]# systemctl status firewalld        // 查看 firewalld 是否已经关闭
```

【代码 3-2】 关闭 selinux 防火墙

```
[root@huatec01 ~]# vi /etc/sysconfig/selinux
# This file controls the state of SELinux on the system.
# SELINUX= can take one of these three values:
# enforcing - SELinux security policy is enforced.
# permissive - SELinux prints warnings instead of enforcing.
# disabled - No SELinux policy is loaded.
SELINUX=disabled                        // 将 enabled 修改成 disabled
# SELINUXTYPE= can take one of three two values:
# targeted - Targeted processes are protected,
```

```
# minimum - Modification of targeted policy. Only selected processes are protected.
# mls - Multi Level Security protection.
SELINUXTYPE=targeted
```

设置本机 IP 地址的代码如下：

【代码 3-3】 设置本机 IP 地址

```
[root@huatec01 ~]# cat /etc/sysconfig/network-scripts/ifcfg-enp0s3
HWADDR="08:00:27:89:86:1a"
TYPE="Ethernet"
BOOTPROTO="static"        // 将 DHCP 改为 static
DEFROUTE="yes"
PEERDNS="yes"
PEERROUTES="yes"
IPV4_FAILURE_FATAL="yes"
NAME="enp0s3"
UUID="1cd81753-424f-46aa-890d-9bb23f11438f"
ONBOOT="yes"
IPADDR=192.168.14.101     // 根据自己的当前局域网进行设置
NETMASK=255.255.240.0     // 根据自己的当前局域网进行设置
DNS=202.106.0.20          // 根据自己的当前局域网进行设置
GATEWAY=192.168.0.1       // 根据自己的当前局域网进行设置
```

设置主机名的代码如下：

【代码 3-4】 设置主机名

```
[root@huatec01 ~]# hostnamectl set-hostname huatec01
[root@huatec01 ~]# hostname
huatec01
```

设置主机名与 IP 地址映射的代码如下：

【代码 3-5】 设置主机名与 IP 地址映射

```
[root@huatec01 ~]# vi /etc/hosts
127.0.0.1    localhost localhost.localdomain localhost4 localhost4.localdomain4
::1          localhost localhost.localdomain localhost6 localhost6.localdomain6
192.168.8.101 huatec01    //IP 地址根据所在的局域网设置
```

下载 JDK：在 Oracle 官网下载 Linux 版的 JDK1.7 及以上版本。

通过 WinSCP 等软件上传 JDK 至服务器，解压 JDK。

```
[root@huatec01 java]# tar-xvfJDK-7u80-linux-x64.tar// 如果是 32 位 linux 系统下载 32 位 JDK
```

配置 Java 环境变量的代码如下：

【代码 3-6】 配置 Java 环境变量

```
[root@huatec01 local]# vi /etc/profile
…
#java
JAVA_HOME=/usr/local/java/JDK1.7.0_80    // 根据自己的环境设置
export PATH=$PATH:$JAVA_HOME/bin      // 统一，必须这么写
j. 执行 source /etc/profile，使设置的环境变量生效
```

14）搭建伪分布式环境

首先，下载 Hadoop（2.8.3 版本为例）。

安装 Hadoop，通过 winSCP 将 Hadoop 压缩包传入服务器，然后进行解压，解压命令与 JDK 一致。

配置 Hadoop 环境变量的代码如下：

【代码 3-7】 配置 Hadoop 环境变量

```
[root@huatec01 local]#vi/etc/profile
…
#Hadoop
HADOOP_HOME=/huatec/Hadoop-2.7.3        // 根据自己实际情况进行配置
exportPATH=$PATH:$HADOOP_HOME/bin:$Hadoop_HOME/sbin
```

配置 Hadoop 的核心配置文件。

```
Hadoop.env.sh
core-site.xml
hdfs-site.xml
mapped-site.xml
yarn-site.xml
```

第一步：hadoop.env.sh。

该文件为 Hadoop 的运行环境配置文件，Hadoop 的运行需要依赖 JDK，我们将其中的 export JAVA_HOME 的值修改成我们安装的 JDK 路径。

```
[root@huatec01 Hadoop]# vi Hadoop.env.sh
…
export JAVA_HOME=/usr/local/java/JDK1.7.0_80
```

第二步：core-site.xml。

该文件为 Hadoop 的核心配置文件。

```
[root@huatec01 Hadoop]# vi core-site.xml
...
<configuration>
```

```
        <property>
            <name>fs.defaultFS</name>
            <value>hdfs://huatec01:9000</value>
        </property>
        <property>
            <name>hadoop.tmp.dir</name>
            <value>/huatec/hadoop-2.7.3/tmp</value>
        </property>
</configuration>
```

第三步：hdfs-site.xml。

该文件为 HDFS 核心配置文件。

```
[root@huatec01 Hadoop]# vi hdfs-site.xml
...
<configuration>
        <property>
            <name>dfs.replication</name>
            <value>1</value>
        </property>
</configuration>
```

第四步：mapred-site.xml。

这个文件是不存在的，但是有一个模板文件 mapred-site.xml.template，我们将模板文件改名为 mapred-site.xml，然后编辑。

```
[root@huatec01 Hadoop]# mv mapred-site.xml.template mapped-site.xml
[root@huatec01 Hadoop]# vi mapped-site.xml
...
<configuration>
    <property>
            <name>mapreduce.framework.name</name>
            <value>yarn</value>
      </property>
</configuration>
```

第五步：yarn-site.xml。

以下文件为 YARN 框架配置文件。

```
[root@huatec01 Hadoop]# vi yarn-site.xml
...
<configuration>
```

```
        <property>
            <name>yarn.resourcemanager.hostname</name>
            <value>huatec01</value>
        </property>
        <property>
            <name>yarn.nodemanager.aux-services</name>
            <value>mapreduce_shuffle</value>
        </property>
    </configuration>
```

格式化 DFS。

```
hdfs namenode -format
```

如果我们在格式化的日志中看到“succefully format”，就证明格式化成功；反之，则失败。

启动 DFS 及 ResourceManager。

首先，启动 DFS start-dfs。

其次，启动 Resourcemanager start-yarn.sh。

注：有一种 start-all.sh 及 stop-all.sh 启动方式，能同时启动、关闭 HDFS 及 ResourceManager，这里不推荐使用。

免密登录以下步骤。

首先，进入 root 目录下的 .ssh 目录（或直接在当前目录下运行 ssh-keygen）。

其次，运行 ssh-keygen，根据本机密钥，产生访问本机的公钥。

最后，运行 cp id_rsa.pub authorized_keys，将本机公钥添加到本机的可信列表中。

（2）HDFS 体系结构与原理

1）分布式文件系统

当需要处理的数据量为超大数据集时，我们就需要对其进行物理切分并分区操作，将其存储到若干台互为关联的计算机上。管理多台计算机的文件存储系统就是分布式文件系统（Distributed File System，DFS）。

Hadoop 的分布式文件系统为 HDFS，核心接口是 FileSystem，实现类为 DistributedFile-System。

2）数据块

存储 HDFS 时，为了数据的安全性，会将文件切分成多个数据块。在 Hadoop1.x 时代，数据块为 64MB，在 Hadoop2.x 时代，数据块为 128MB。如果 ADFS 上的一个文件小于单个数据块的大小，它不会占据整个块的存储空间，而是占据它实际的文件大小空间，这是它区别于其他文件系统的数据块。

HDFS 使用数据块存储数据具有以下优点：

① 可以存储超大文件；

② 简化了存储子系统的设计；

③ 使用数据块存储，方便我们备份数据。

HDFS 为我们提供了查看当前分布式文件系统的块信息的指令。

“hadoop fsck / -files –blocks”

系统运行该指令会显示当前系统的块整体使用情况及每个文件的块使用情况。

3）HDFS 工作原理

HDFS 工作原理如图 3-40 所示。

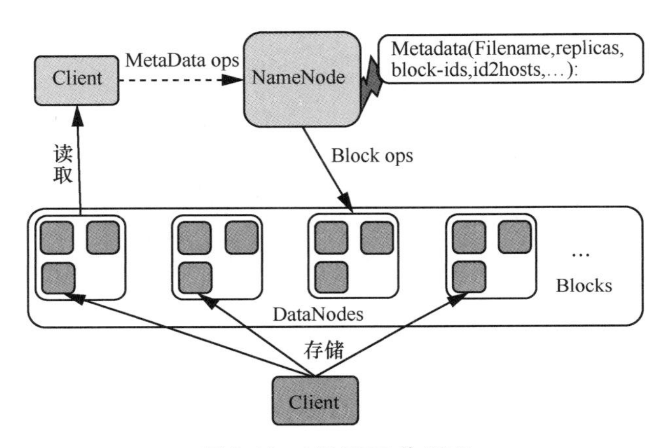

图3-40　HDFS工作原理

4）MetaData 详细解读

MetaData 示意如图 3-41 所示。

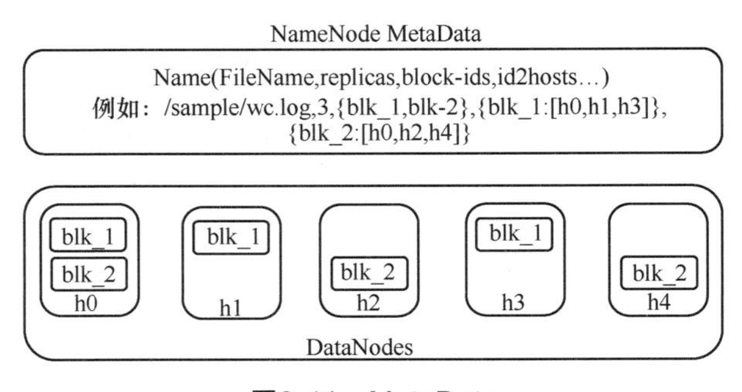

图3-41　MetaData

5）元数据信息详细解读

/test/a.log, 3 ,{blk_1,blk_2}, [{blk_1:[h0,h1,h3]},{blk_2:[h0,h2,h4]}]

/test/a.log 表示存储的文件名，3 表示 3 位存储的副本数量，{blk_1,blk_2} 表示该文件被分割为两个块，名称分别为 blk_1 和 blk_2，及每个块存储的节点位置信息。比如 [{blk_1:[h0,h1,h3]} 表示 blk_1 这个块的 3 个副本分别位于 h0、h1、h3 这 3 个节点上。

6）NameNode

NameNode 是整个文件系统的管理节点，维护着整个文件系统的文件目录树、文件和目录的元数据信息、每个文件对应的数据块（Block）列表，并接收用户的操作请求。

NameNode 包含以下几种文件。

① fsimage：内存中的元数据序列化到磁盘上的文件名称，是元数据的镜像文件，它存储某一时段 NameNode 内存中元数据的信息。

② edits：操作日志文件。

③ fstime：保存最近一次 checkpoint 的时间。

7）DataNode

DataNode 负责提供存储真实文件数据的服务，在存储用户数据时，会存储两部分数据，一部分是文件的数据，另一部分是元数据信息。

文件存储到 HDFS 后，DataNode 和 NameNode 之间会通过心跳机制，确保数据块的完整性。

我们可通过将本地的一个文件上传到 HDFS，来验证 DataNode 这种按块存储数据的机制。

8）SecondaryNameNode

SecondaryNameNode 是 HA（High Availability，高可用性）的一个解决方案，它负责辅助 NameNode 完成相应的工作。

（3）ZooKeeper 概述及集群搭建

1）ZooKeeper 的主要功能

ZooKeeper 主要协调服务，实现集群的高可用性。实际生产环境的集群搭建，需要我们使用 ZooKeeper 的协调服务（如心跳机制）来保证集群节点的高可用性，并实现故障节点的自动切换和数据的自动迁移。

2）ZooKeeper 的工作原理

ZooKeeper 是 Google 的 Chubby 一个开源的实现，是 Hadoop 和 HBase 的重要组件。ZooKeeper 通过选举机制确保服务状态的稳定性和可靠性。ZooKeeper 集群的选举机制要求集群的节点数量为奇数个，在启动集群时，集群中大多数的机器在得到响应后开始选举，并最终选出一个节点为 Leader，其他节点都是 Follower，然后进行数据同步。

3）ZooKeeper 系统架构

层次结构（Znodes）是实现可靠性、可用性、协同服务的前提。znode 层次结构被存储在每个 ZooKeeper 服务器的内存中。每个 ZooKeeper 服务器还在磁盘上维护了一个事务日志，记录所有的写入请求。因为 ZooKeeper 服务器在返回一个成功的响应之前必须将事务同步到磁盘上，所以事务日志也是 ZooKeeper 性能中最重要的组成部分，可以存储在 Znode 中的数据大小为 1 MB。因此，即使 ZooKeeper 的层次结构看起来与文件系统相似，也不应该将它用作一个通用的文件系统，如图 3-42 所示。相反，应该只将 ZooKeeper 用作少量数据的存储机制，以便为分布式应用程序提供协调和可靠性、可用性。

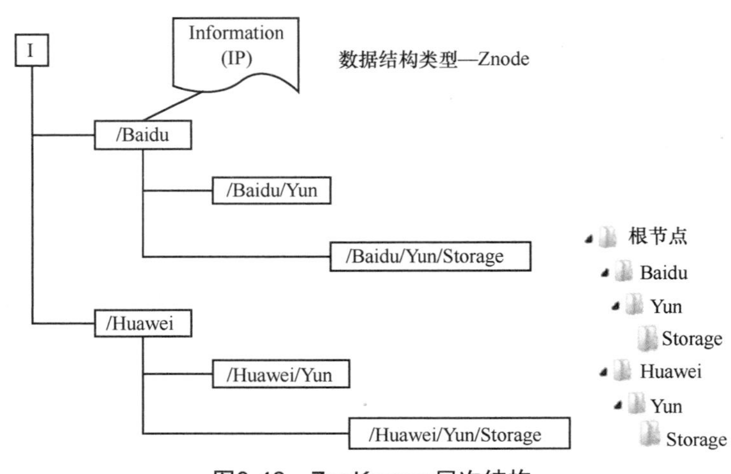

图3-42　ZooKeeper层次结构

4）ZooKeeper 集群搭建

① 集群规划。

集群规划设计如图 3-43 所示。

序号	IP	主机名	软件
1	192.168.10.3	huatec01	JDK、ZooKeeper
2	192.168.10.4	huatec02	JDK、ZooKeeper
3	192.168.10.5	huatec03	JDK、ZooKeeper

图3-43　集群规划设计

② 配置 JDK。

③ 下载 JDK。

④ 安装集群。

- 解压安装。
- 在第一台服务器上，进入 ZooKeeper 的 conf 目录，执行 [root@huatec05 conf]# cp zoo_sample.cfg zoo.cfg，将 zoo_sample.cfg 重命名为 zoo.cfg 。

• 修改 zoo.cfg 文件参数。

```
dataDir=/home/zookeeper/tmp
…
server.1=huatec05:2888:3888
server.2=huatec06:2888:3888
server.3=huatec07:2888:3888
```

• 介绍 zoo_sample.cfg 文件参数。

tickTime：服务器与客户端之间交互的基本时间单元（ms）。

dataDir：保存 ZooKeeper 数据路径。

dataLogDir：保存 ZooKeeper 日志路径，当此配置不存在时，默认路径与 dataDir 一致。

clientPort：客户端访问 ZooKeeper 时经过服务器端时的端口号，在这种配置方式下，如果 zookeeper 服务器出现故障，ZooKeeper 服务将会停止。

initLimit：此配置表示允许 Follower 连接并同步到 Leader 的初始化时间，它以 tickTime 的倍数来表示。当超过设置倍数的 tickTime 时间，则连接失败。

syncLimit：Leader 服务器与 Follower 服务器之间信息同步允许的最大时间间隔，如果超过此间隔，默认 Follower 服务器与 Leader 服务器之间断开连接。

maxClientCnxns：限制连接到 ZooKeeper 服务器客户端的数量。

server.id=host:port:port：表示了不同的 ZooKeeper 服务器的自身标识。

• ZooKeeper 服务器标识。

该标识创建在 ZooKeeper 数据目录下，创建文件 myid 并向其写入 1。

```
touch myid
echo 1 > myid
```

• 将 ZooKeeper 复制到其他 ZooKeeper 服务器。

```
scp -r zookeeper root@huatec02:/home
scp -r zookeeper root@huatec03:/home
```

• 启动 ZooKeeper 集群。

进入 ZooKeeper 下的 bin 目录，运行 zkServer.sh 文件。

```
./zkServer.sh start
```

• 查看 ZooKeeper 服务器的角色 。

```
./zkServer.sh status
```

⑤ ZooKeeper 集群高可用。

⑥ HDFS 高可用性。

在 HDFS 高可用性方面，ZKFailoverController（ZKFC 进程）作为一个 ZooKeeper 集

群的客户端，可以监控 HDFS NameNode 的状态信息，是实现 NameNode 自动切换的关键。该进程仅在部署 NameNode 的节点中存在，而无论其状态是 Active 还是 Standby，NameNode 的 ZKFC 都会连接到 ZooKeeper，会把主机名等信息保存到 ZooKeeper 中的 znode 目录里。我们先将 znode 目录的 NameNode 节点创建为主节点，另一个为备节点。NameNode Standby 通过 ZooKeeper 定时读取 NameNode 信息。当主节点进程异常结束时，NameNode Standby 通过 ZooKeeper 感知发生了变化，NameNode 会自动进行主备切换。

⑦ YARN 高可用性

ZooKeeper 对 YARN 的高可用性原理与 HDFS 十分相似，它实时监听 ResourceManager 的状态，并自动实现主备切换。在启动系统时，ResourceManager 会把状态信息写入 ZooKeeper，把第一个成功写入 ZooKeeper 的 ResourceManager 定为 Active ResourceManager，另一个为 Standby ResourceManager。

当 Active ResourceManager 发生故障时，Standby ResourceManager 会获取 Application（提交的作业）的相关信息，恢复数据并被提升为 Active。

（4）HBase 概述及集群搭建介绍

HBase 是一个分布式的、面向列的开源数据库，该技术来源于 Fay Chang 所撰写的 Google 论文《Bigtable：一个结构化数据的分布式存储系统》。就像 Bigtable 利用了 Google 文件系统所提供的分布式数据存储一样，HBase 在 Hadoop 上提供了类似于 Bigtable 的能力。HBase 是 Apache 的 Hadoop 项目的子项目。HBase 不同于一般的关系型数据库，它是一个适合于非结构化数据存储的数据库。另一个不同的是，HBase 是基于列而不是基于行的模式。

HBase 是一种构建在 HDFS 之上的分布式、面向列、高可靠性、高性能、可伸缩、规模可达到数十亿行以及百万列的分布式存储系统。HBase 的特性使其非常适合具有如下需求的应用：

① 海量数据（TB、PB）、高吞吐量；

② 需要在海量数据中实现高效的随机读取；

③ 需要很好的性能伸缩能力；

④ 能够同时处理结构化和非结构化的数据；

⑤ 不需要完全拥有传统关系型数据库所具备的 ACID 特性。

1）HBase 核心进程

HBase 有 HMaster 和 RegionServer 两个核心进程。其中，HMaster 是主进程，负责管理所有的 RegionServer；RegionServer 是数据服务进程，负责处理用户数据的读写请求。HMaster 与 RegionServer 之间有着密切的关系，而 RegionServer 又与 Region（它是 HBase 中存储数据的最小单元）密不可分，所以我们将分别讲解 Region、RegionServer 和 HMaster。HBase 核心进程如图 3-44 所示。

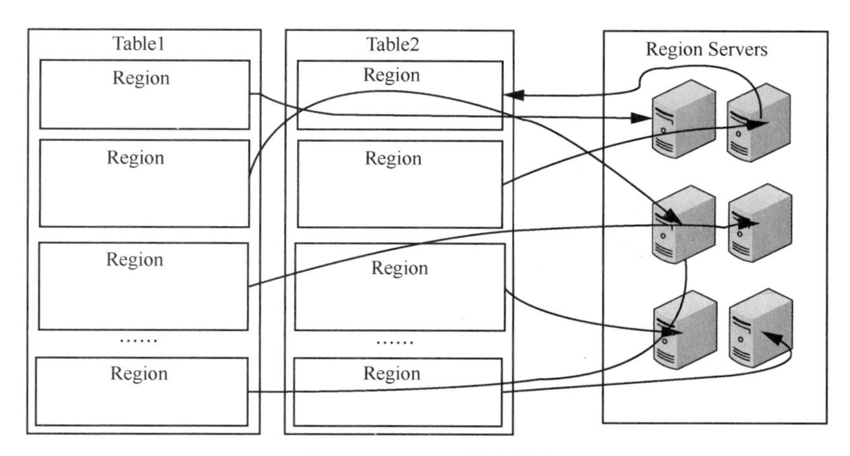

图3-44 HBase核心进程

（a）Region

Region 是 HBase 分布式存储的最基本单元。Region 将一个数据表按 Key 值范围横向划分为一个个的子表，实现分布式存储，这些子表，在 HBase 中被称作“Region”。每一个 Region 都关联一个 Key 值范围，即 Region 是一个使用 StartKey 和 EndKey 描述的区间，如图 3-45 所示。

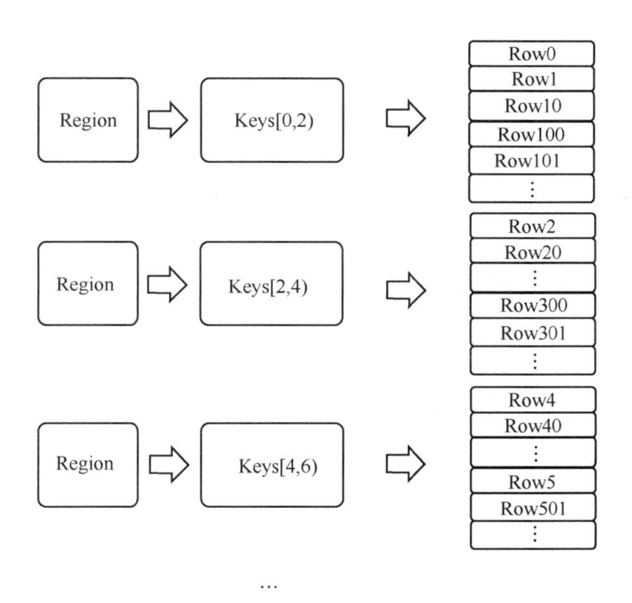

图3-45 Region

Region 分为元数据 Region（Meta Region）以及用户 Region（User Region）两类。元数据 Region 记录了每一个用户 Region 的路由信息，用户 Region 才是记录用户数据的区域。Region 存储数据的最大值可以通过以下属性进行设置：hbase.hregion.max.filesize。

在进行数据读写时，RegionServer 需要先寻找 Meta Region 地址，再由 Meta Region 找寻 User Region 地址，从而获取具体的 Region 数据。

（b）RegionServer

RegionServer 是 HBase 的数据服务进程，负责处理用户数据的读写请求，所有的 Region 都被交由 RegionServer 管理，RegionServer 需要定期向 HMaster 汇报自身的情况，包括内存使用状态、在线状态的 Region 等信息，如图 3-46 所示。

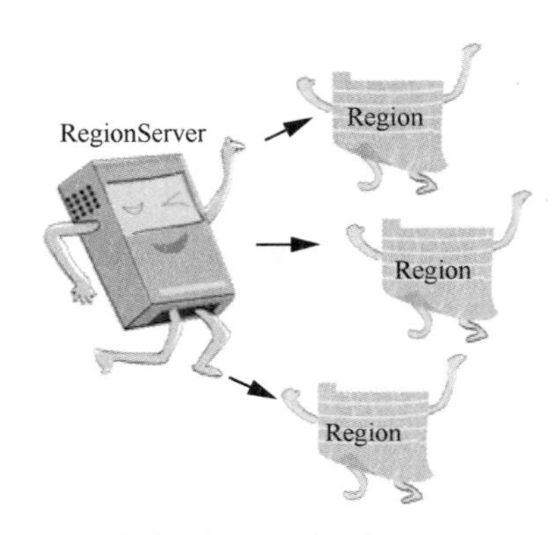

图3-46　RegionServer

（c）HMaster

HMaster 进程负责管理所有的 RegionServer，包括注册 RegionServer、处理 RegionServer Failover、分配新表创建时的 Region，运行期间的负载均衡保障，负责所有 Region 的转移操作，包括 RegionServer Failover 后的 Region 接管，HMaster 进程有主备角色，如图 3-47 所示。

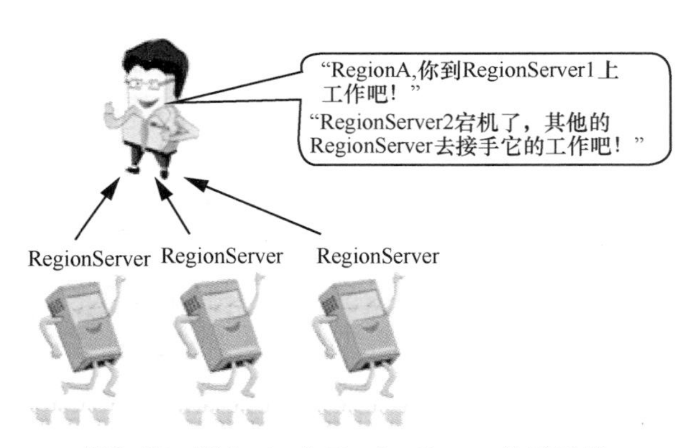

图3-47　HMaster与RegionServer关系示意

2）HBase 系统架构

HBase 系统架构如图 3-48 所示。

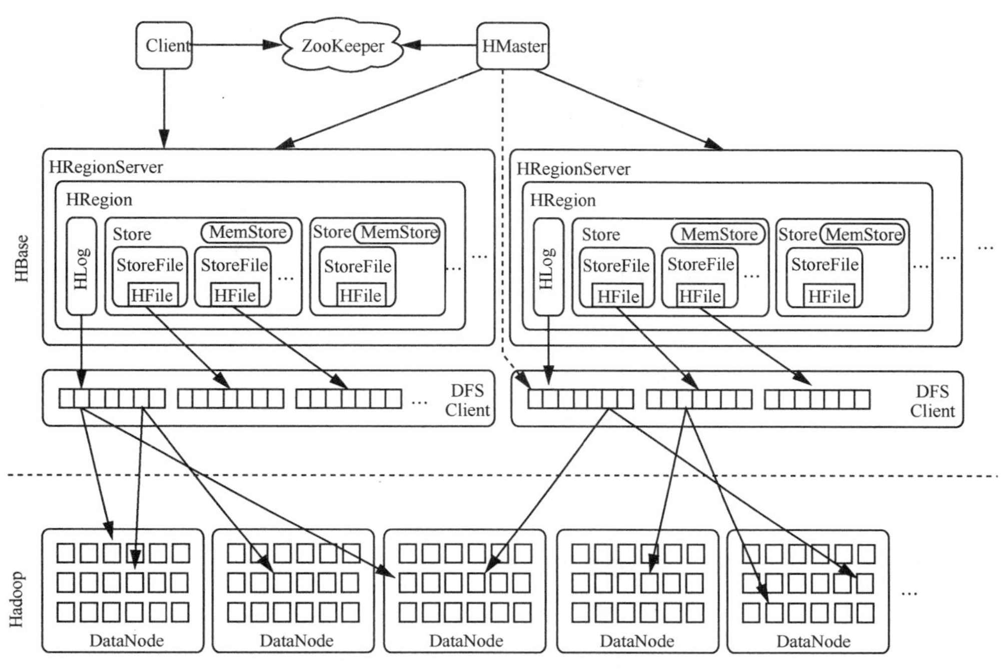

图3-48　HBase系统架构

3）HBase 工作流程

HBase 工作流程如图 3-49 所示。

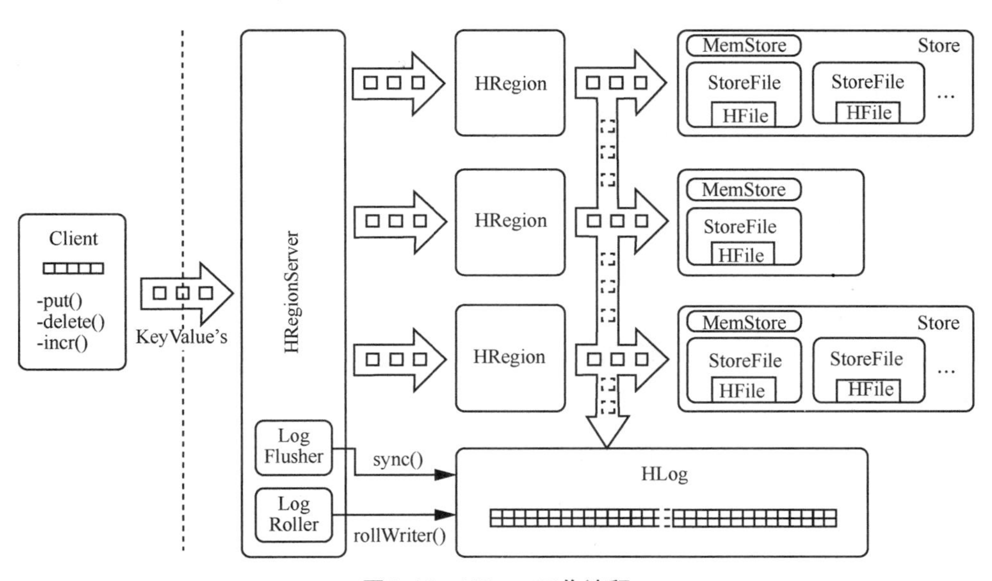

图3-49　HBase工作流程

4）HBase 集群搭建实际案例

（a）集群规划

集群规划示例如图 3-50 所示。

序号	主机名	IP	安装的软件	运行的进程
1	huatec01	192.168.10.3	JDK、Hadoop、ZooKeeper	NameNode、zkfc、ResourceManager、QuorumPeerMain、NodeManager、DataNode、HMaster
2	huatec02	192.168.10.4	JDK、Hadoop、ZooKeeper	NameNode、zkfc、QuorumPeerMain、JournalNode、HMaster
3	huatec03	192.168.10.5	JDK、Hadoop、ZooKeeper	JournalNode、QuorumPeerMain、HRegionServer

图3-50　集群规划示例

（b）集群部署

我们计划先在 huatec01 节点安装并配置 HBase，然后将其拷贝到其他节点中，从而快速完成集群的部署。同单节点安装一样，我们上传 HBase 安装包到 huatec01 节点上，并解压到“/huatec”安装目录（该目录在进行 Hadoop 生产环境搭建的时候已经创建过），然后我们修改以下 3 个相关的配置文件。

```
hbase-env.sh
hbase-site.xml
regionservers
```

• hbase-env.sh。

```
// 指定 jdk
export JAVA_HOME=/usr/java/jdk1.7.0_55
// 告诉 hbase 使用外部的 zk，将值设置为 false
export HBASE_MANAGES_ZK=false
```

• hbase-site.xm。

```
<configuration>
<!-- 指定 hbase 在 HDFS 上存储的路径 -->
<property>
<name>hbase.rootdir</name>
<value>hdfs://ns1/hbase</value>
</property>
<!-- 指定 hbase 是分布式的 -->
```

```
<property>
<name>hbase.cluster.distributed</name>
<value>true</value>
</property>
<!-- 指定 zk 的地址，多个用 "," 分割 -->
<property>
<name>hbase.zookeeper.quorum</name>
<value>huatec01:2181,huatec02:2181,huatec03:2181</value>
</property>
</configuration>
```

- RegionServers（RegionServer 的主机名或 IP 地址）。

在配置目录下，新建 RegionServers 文件，写入 huatec03 节点。

- 复制 Hadoop 配置文件，因为 HBase 底层依赖 HDFS。

复制 hdfs-site.xml 和 core-site.xml 到 hbase 的 conf 目录下。

- 复制配置文件到其他主机 。

```
scp -r /home/hbase/ huatec01:/home/
scp -r /home/hbase/ huatec02:/home/
scp -r /home/hbase/ huatec03:/home/
```

- 启动集群。

启动 HBase 集群是有先后顺序的，我们需要先启动 ZooKeeper 集群，然后启动 Hadoop 集群，最后再启动 HBase 集群。启动 ZooKeeper 集群和 Hadoop 集群参考前文内容。

```
//huatec01
start-hbase.sh
//huatec02
hbase-daemon.sh start master
```

我们通过浏览器访问 HBase 管理页面。

5）数据迁移神器——Sqoop

（a）Sqoop 概述

Sqoop（SQL–to–Hadoop）是 Apache 的一个项目，是一个用来将关系型数据库和 Hadoop 中的数据进行相互转移的工具。Sqoop 可以将关系型数据库（如 MySQL、Oracle）中的数据导入 Hadoop（如 HDFS、Hive、HBase）中，也可以将 Hadoop（如 HDFS、Hive、HBase）中的数据导入关系型数据库（如 MySQL、Oracle）中。

对于某些 NoSQL 数据库，Sqoop 也提供了连接器。Sqoop 使用元数据模型来判断数据类型，并在数据从数据源转移到 Hadoop 时确保类型安全的数据处理工具。Sqoop 专为大数据批量传输设计，能够分割数据集并创建Hadoop任务来处理每个区块，如图3-51所示。

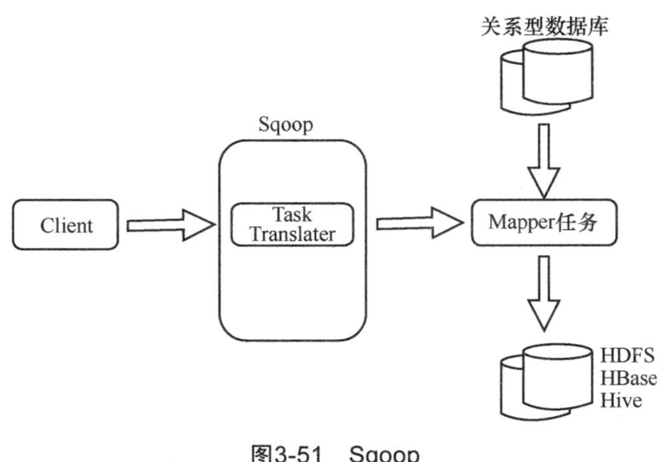

图3-51　Sqoop

Apache框架的Hadoop是逐步向通用的分布式计算环境发展的，主要用来处理大数据。随着越来越多的云提供商利用这个框架，越来越多的用户将数据集在Hadoop和传统数据库之间转移。

（b）Sqoop版本说明

Sqoop1与Sqoop2相比，优缺点说明如下。

① Sqoop1的架构仅是一个Sqoop客户端。Sqoop2的架构中引入了Sqoop Server组件，它可以集中管理连接。

② Sqoop2支持Rest API、Web UI以及控制台访问，并引入了权限安全机制。

③ Sqoop1的优点是架构部署简单，但是，Sqoop1安全机制还不够完善，有可能会存在密码泄露的隐患。Sqoop1的格式紧耦合，无法支持所有数据类型。

使用Sqoop时，还有一些事情需要注意。首先，我们要注意默认的并行机制，默认情况下，并行是指Sqoop假设大数据是在分区键范围内均匀分布的，当用户有一个10个节点的集群，那么工作负载是在这10台服务器上平均分配的。但是，如果分区键是基于字母数字的，比如以“A”作为开头的键值的数量会是“M”作为开头键值数量的20倍，那么工作负载就会从一台服务器倾斜到另一台服务器上。

Sqoop直接加载会绕过通常的Java数据库，直接连接导入，使用数据库本身提供的直接载入工具，比如MySQL的mysqldump。比如，我们不能使用MySQL或者PostgreSQL的连接器导入BLOB和CLOB类型的数据，也没有驱动支持从视图导入数据。Oracle直接驱动需要特权来读取类似dba_objects和v_$parameter这样的元数据。

因为 Sqoop 专门是为大数据集而设计的，所以增量导入与效率有关，是最受关注的问题。Sqoop 支持增量更新，将新纪录添加到最近一次导出的数据源上，或者指定上次修改的时间戳。

2. 就业前景和就业岗位

（1）就业前景

大数据又一次引领技术变革大潮，大数据行业人才需求大，并且作为中国重点扶持的新兴产业，大数据产业已逐步从概念走向落地，据统计，中国 90% 的企业都在使用大数据，中国大数据市场规模如图 3-52 所示。

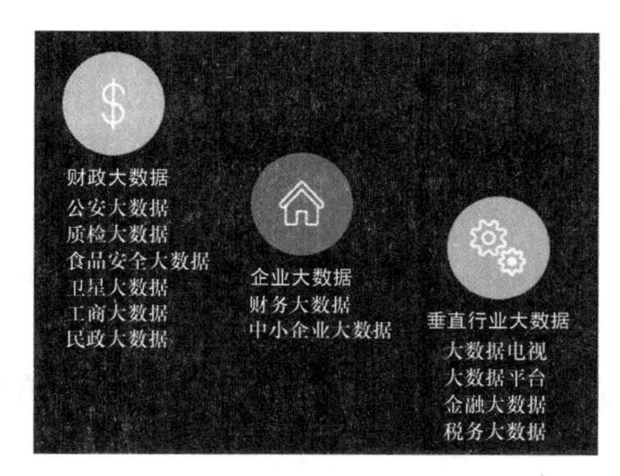

图3-52 中国大数据市场规模

（2）就业岗位

大数据方面的人才就业主要有数据分析类、系统研发类、应用开发类三大方向，对应的基础岗位分别是大数据分析师、大数据系统研发工程师大数据应用开发工程师。

1）ETL 研发

企业数据种类与来源的不断增加，使得企整合与处理数据变得越来越困难，企业迫切需要具有数据整合能力的人才。ETL 开发者是在此需求的基础下而诞生的一个职业岗位。

2）Hadoop 开发

随着数据规模不断增大，传统 BI 的数据处理成本过高，企业负担加重。而 Hadoop 低廉的数据处理能力被重新挖掘，企业需求持续增长，逐渐成为大数据人才必须掌握的一项技术。

3）可视化工具开发

可视化开发是在可视化工具提供的图形用户界面上，通过操作界面元素，由可视化开发工具自动生成相关应用软件，轻松跨越多个资源和层次连接的所有数据。过去，数据可视化属于商业智能开发者的类别，但是随着 Hadoop 的崛起，数据可视化已经成为一项独立的专业技能和一个岗位。

4）信息架构开发

大数据重新激发了主数据管理的热潮。该岗位能充分开发和利用企业数据并支持决策。信息架构师必须了解如何定义和存档的关键元素，确保以最有效的方式管理和利用数据。信息架构师的关键技能包括主数据管理、业务知识和数据建模等。

5）数据仓库研究

为方便企业决策，出于分析性报告和决策支持的目的而创建的数据仓库研究岗位是一种所有类型数据的战略集合。数据仓库研究人员为企业提供业务智能服务，指导业务流程改进和监控时间、成本、质量。

6）OLAP 开发

OLAP 开发者负责将数据从关系型或非关系型数据源中抽取出来并建立模型，然后创建数据访问的用户界面，最终提供高性能的预定义查询功能。

7）数据科学研究

数据科学家是一个全新的工种，能将企业的数据和技术转化为企业的商业价值。随着数据学的进展，越来越多的工作将会直接针对数据，这将使人类认识数据，从而认识自然和行为。

8）数据预测分析

营销部门经常使用预测分析方法预测用户行为或锁定目标用户。预测分析开发者类似数据科学家，即在企业历史数据的基础上通过假设测试阈值来预测未来的表现。

9）企业数据管理

企业要提高数据质量必须有效管理数据，并需要为此设立数据管家职位，这一职位的人员能利用各种技术工具汇集企业周边大量的数据，并清洗和规范化这些数据，最后将数据导入数据仓库中，成为一个可用的版本。

10）数据安全研究

数据安全研究岗位人员主要负责企业内部大型服务器、存储、数据安全的管理工作，并对网络、信息安全项目进行规划、设计和实施。

3.4.5 数据共享与数据整合技术

通过学习数据共享与数据整合技术，学生能够在掌握基本软件开发能力的基础上，进一步深入到架构层面，理解企业 IT 战略与企业发展目标和业务战略的关系，具备架构师的基本素养，在扩展知识结构的同时也增强了职业竞争力。

1. 数据共享与数据整合知识

（1）SOA 定义

狭义的 SOA（Service-oriented Architecture，面向服务的体系结构）是指一种架构风格，是以业务驱动、面向服务为原则的一种 IT 架构方式 。

广义的 SOA 包含了架构风格、编程模型、运行环境和相关方法论在内的、一整套的企业应用构造方法和企业环境，涵盖了建模、开发、整合、部署、运行和管理等，覆盖整个企业应用软件建设的声明周期。SOA 主要包含了以下 4 个方面。

① 面向业务的应用：业务系统和业务人员，不再关注技术，更关注业务。

② 架构模式：SOA 是一种架构模式，是业务和 IT 的结合点，更加适合 N 层架构设计。

③ 方法学：包括了业务规划、流程规划、服务规划、实施方法等。

④ 编程模型：基于服务的方式，强调服务组装与流程编排。

SOA 是一个组件模型，将应用程序的不同功能单元（称为服务）通过这些服务用定义良好的接口和契约联系起来。接口是采用中立的方式进行定义的，它应该独立于实现服务的硬件平台、操作系统和编程语言。这使得构建在各种系统中的服务可以以一种统一和通用的方式进行交互。

举例说明：某学校开发一个移动办公系统（MOA），需要全校老师的用户信息，如果在 MOA 系统中逐个添加，不仅工作量巨大，还可能导致输入的信息与学校 HR 系统中的信息不一致的问题。解决办法就是，直接从 HR 系统中调用和读取用户信息。

HR 系统提供用户信息就是一个服务，也是 HR 系统的一个功能单元。那么通过什么方式提供服务呢？这就涉及接口的概念，所谓接口就是服务方和使用方都能识别的对接方式，接口要采用标准的接口协议，例如 Socket 协议、Web Service 协议等。

这种应用程序之间的交互采用接口方式，而不是直接调用程序，因此对于程序内部业务逻辑而言，只要接口不变，就不会影响使用方的系统，这就是松耦合。

（2）SOA 的主要特点

SOA 的特点和技术框架分别如图 3-53 和图 3-54 所示。

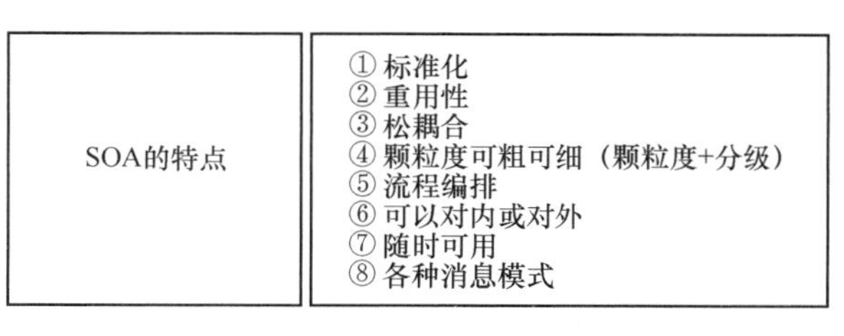

图3-53 SOA的特点

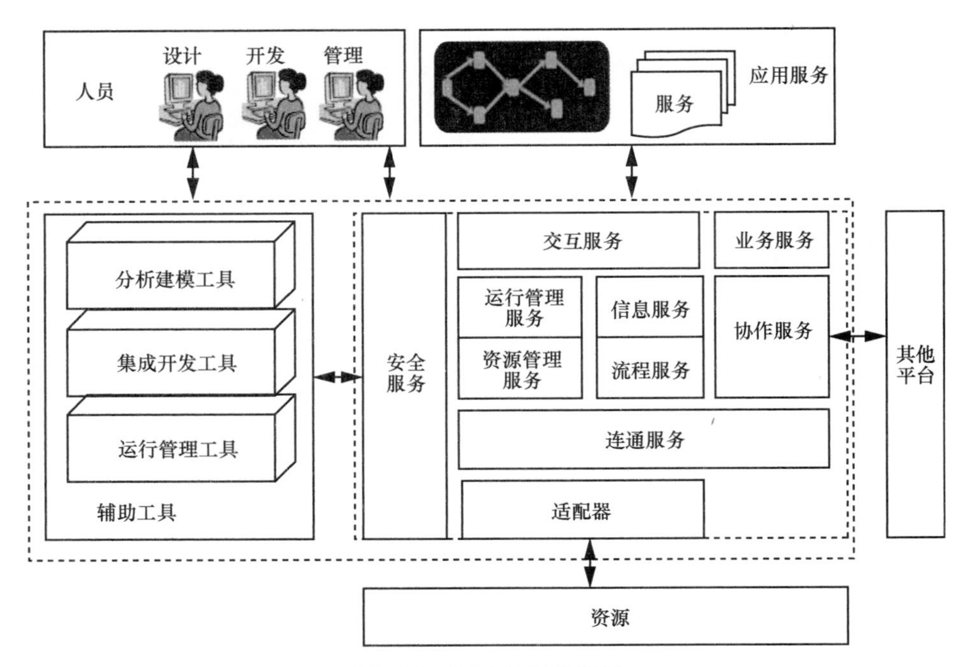

图3-54　SOA的技术框架

完整的SOA应用系统包括SOA基础技术平台、辅助工具、资源、应用服务、使用SOA系统的人。SOA技术参考架构主要描述SOA基础技术平台与辅助工具，同时描述这两部分与其他外围相关元素之间的关系。

资源是SOA系统中被集成的对象，这些对象早已存在。在SOA系统中，资源通过适配器接入基础技术平台，并以服务形式对外提供服务或使用其他服务。资源具有统一的服务接口，使用统一的接入方式。

任何企业、组织都有各种各样的应用，应用之间都会有交互，如果应用之间直接调用对方的接口，就会形成蜘蛛网状。企业服务总线（Enterprise Service Bus，ESB）负责把各个应用提供出来的接口进行统一管理，所有的应用接口都通过SOA平台交互，避免了业务之间的干扰。

（3）SOA系统的主要角色

设计人员：分析业务和建模，使用业务分析和建模工具。

开发人员：实现具体的SOA系统，包括流程定义、服务编码、资源集成等，使用集成开发工具。

管理人员：对SOA系统运行进行监控管理，使用运行管理工具。

操作人员：对SOA系统进行业务操作，通过交互服务使用SOA系统中的服务，或进行数据和业务的处理。

（4）ESB

ESB 是传统中间件技术与 XML、Web 服务等技术结合的产物。ESB 提供了网络中最基本的连接中枢，是构筑企业神经系统的必要元素。从功能上看，ESB 提供了事件驱动和文档导向的处理模式，以及分布式的运行管理机制，它支持基于内容的路由和过滤，具备了复杂数据的传输能力，并可以提供一系列的标准接口。

ESB 包括以下 5 个基本功能。

① 服务的 MetaData 管理：在总线范畴内对服务的注册命名及寻址功能管理。

② 传输服务：必须确保通过企业总线互连的业务流程间的消息能正确交付，还传输包括基于内容的路由功能。

③ 中介：提供位置透明性的服务路由和定位服务，多种消息传递形式，支持广泛使用的传输协议。

④ 多种服务集成方式：如 JCA、Web 服务、Messaging 和 Adaptor 等。

⑤ 服务和事件管理支持：如服务调用的记录、测量和监控数据；提供事件检测、触发和分布功能。

ESB 管理后台：ESB 是一个中间层，存在于服务客户端和服务提供者之间。ESB 是服务客户端的一个服务提供者。当客户使用服务总线上的服务时，服务总线可以进行多个操作。

业务流程管理（Business Process Management，BPM）：是指根据业务环境的变化，推进人与人之间、人与系统之间的整合及调整经营方法与解决方案的 IT 工具。BPM 可以使系统更加强壮，通过 BPM 组件，SOA 能够更好地监控它连接的系统。

Portal（门户）：是一个基于 Web 的应用程序，它提供个性化、单点登录、不同来源内容整合及存放信息系统的表示层。Portal 是低成本的集成技术。如果企业已经存在很多信息系统，Portal 可以很容易地将这些系统集成到一起，并以统一界面的方式提供给用户。

（5）SOA 的实施方法

SOA 的实施是一个系统化的工程，具体实施需要完成现状分析、发展愿景、蓝图设计、标准体系和实施计划流程，如图 3-55 所示。

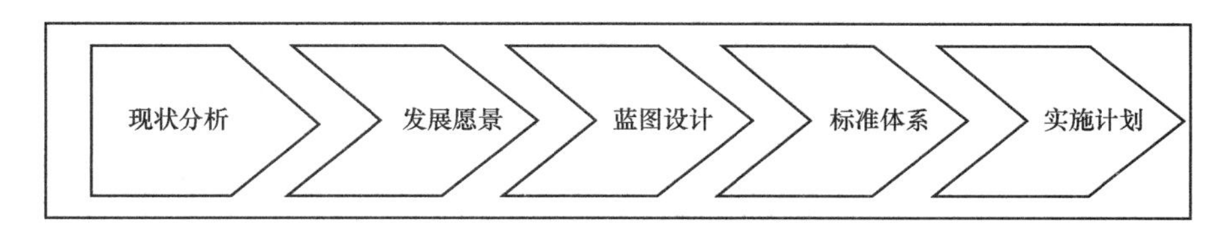

图3-55　SOA实施计划完成流程

1）现状分析方法

现状分析方法流程如图 3-56 所示。

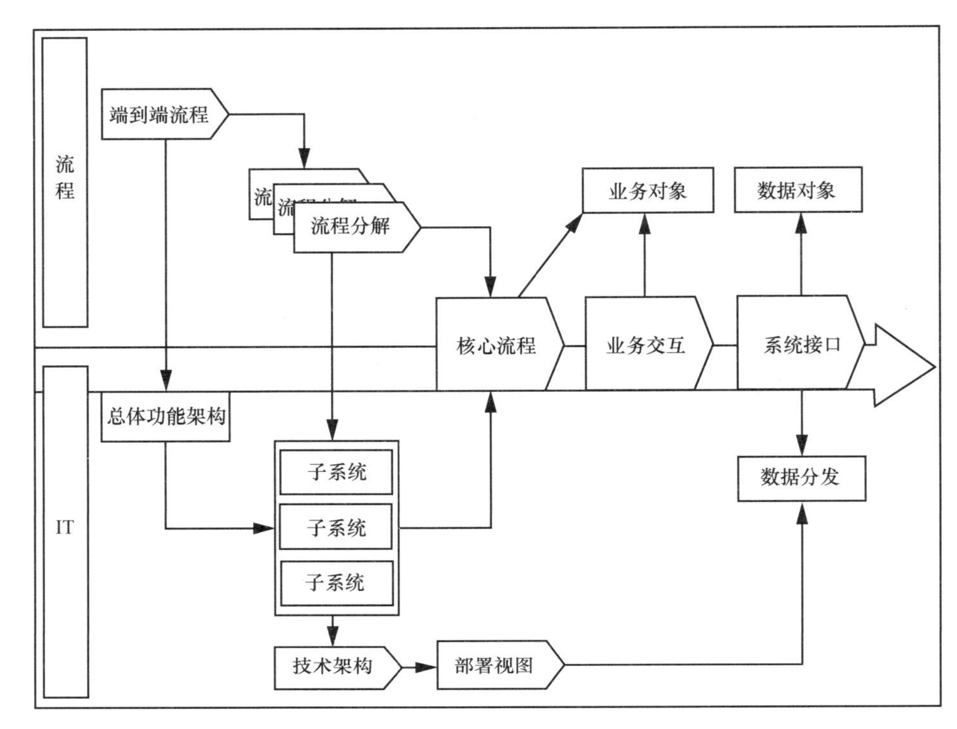

图3-56 现状分析方法流程

2）发展愿景

发展愿景如图 3-57 所示。

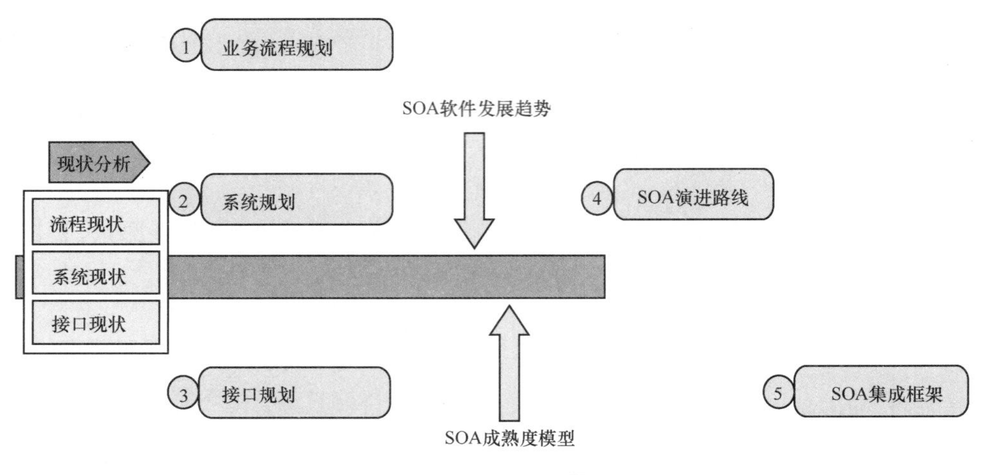

图3-57 发展愿景

3）蓝图设计

蓝图设计如图 3-58 所示。

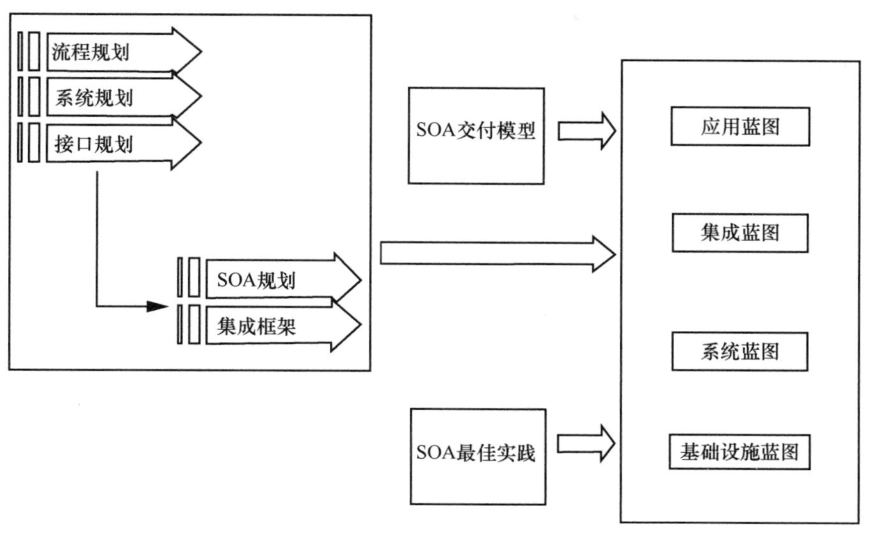

图3-58 蓝图设计

4）标准体系

标准体系架构如图 3-59 所示。

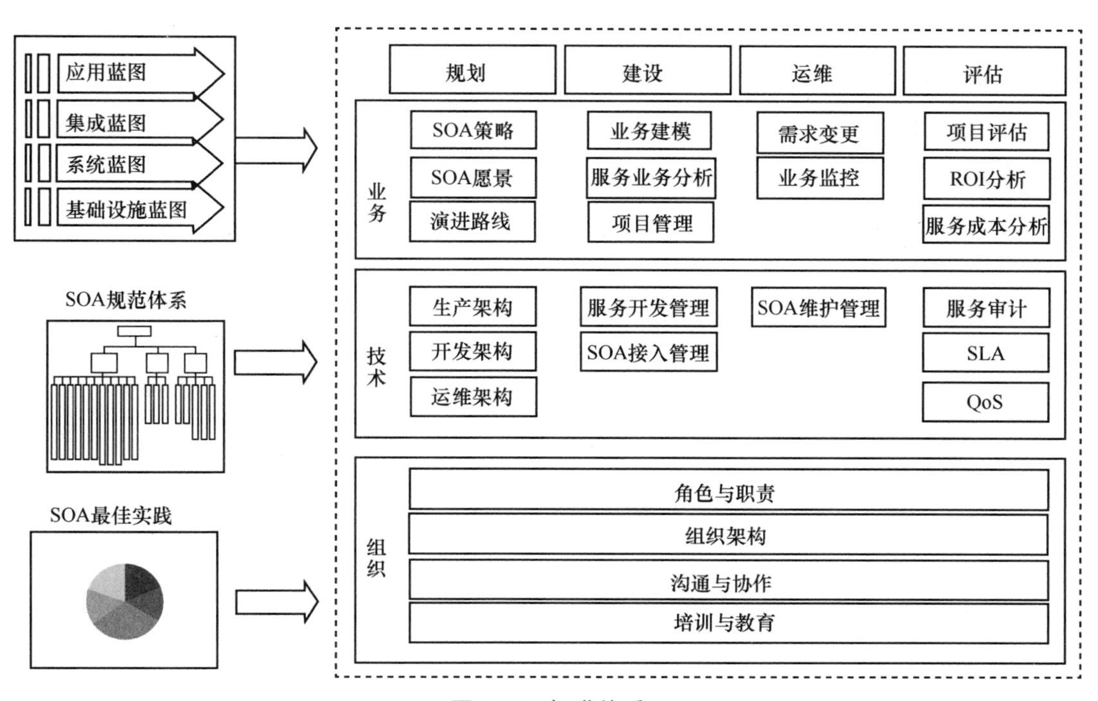

图3-59 标准体系

5）实施计划

实施计划如图 3-60 所示。

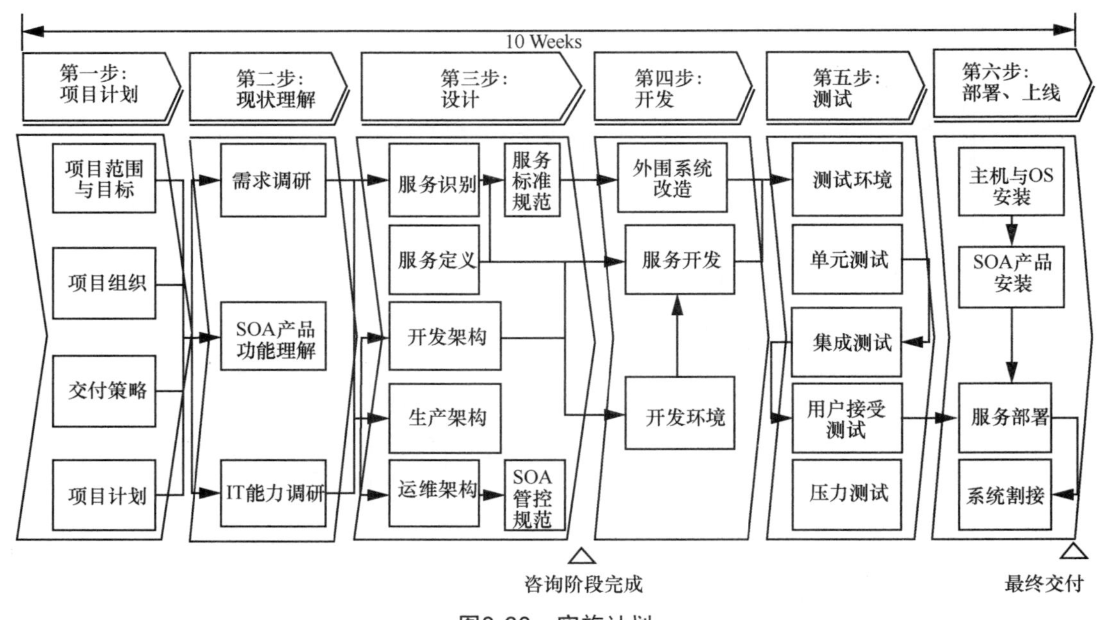

图3-60　实施计划

（6）SOA 的实施流程

SOA 的实施流程包括了服务的识别、定义、设计、测试和运维。

① 服务识别：以业务为核心的需求功能记录和业务服务识别；实现业务系统与 SOA 平台服务的标准化、规范化，最终形成服务识别清单和基本的输入、输出和业务规则描述，步骤如图 3-61 所示。

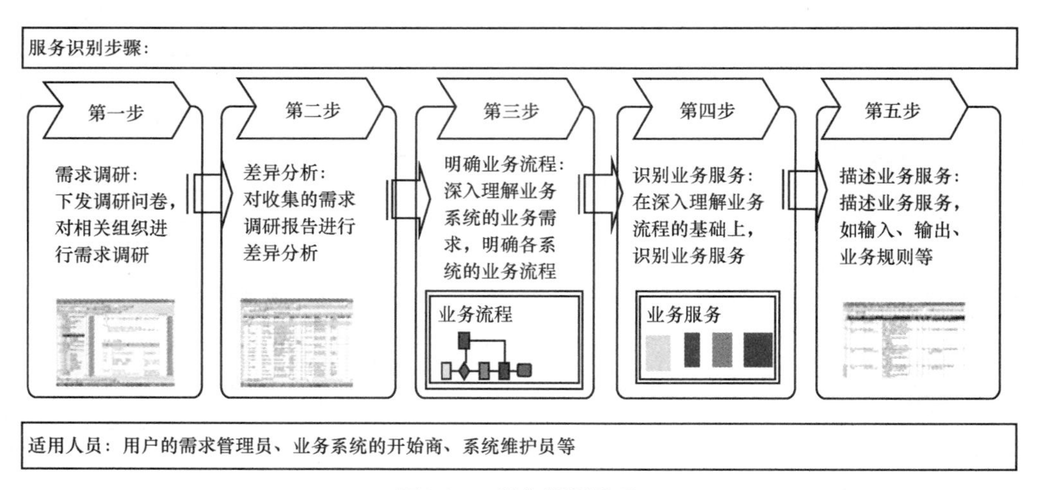

图3-61　服务识别步骤

② 服务定义：从技术角度对业务服务进行组件化分解，明确业务服务中的原子服务，并进行相应的数据丰富、数据转换和数据验证规则的定义；指导服务实现，为后面的服务实现提供数据输入，步骤如图 3-62 所示。

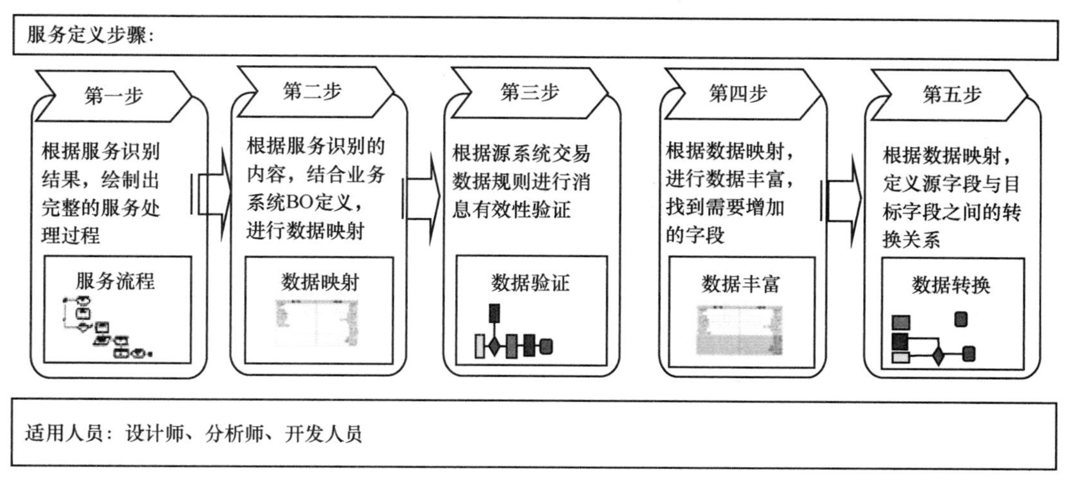

图3-62 服务定义步骤

③ 服务设计：将复杂服务分解成更小粒度的服务，将服务定义的数据映射转换为 WebService 的输入 / 输出，步骤如图 3-63 所示。

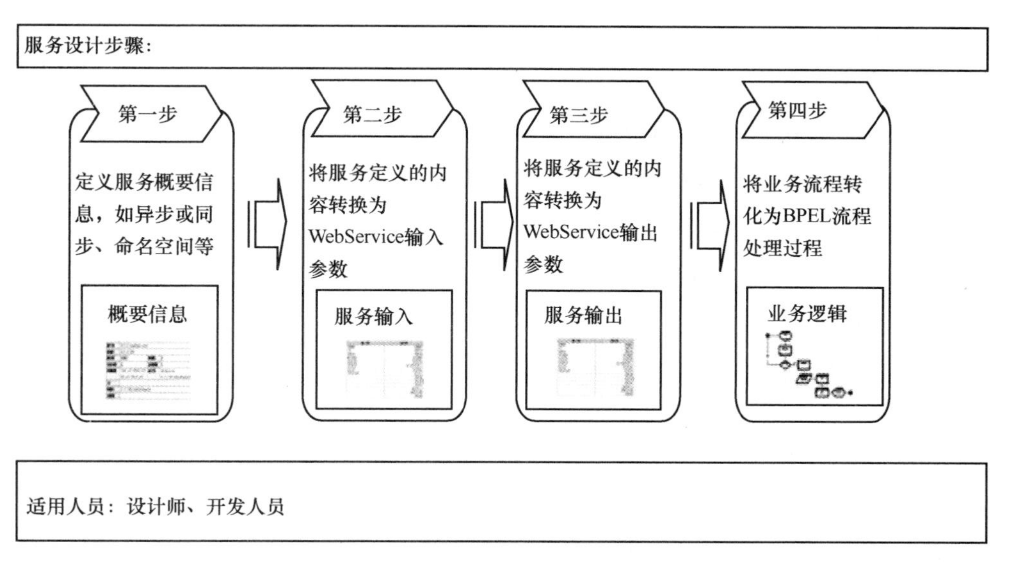

图3-63 服务设计步骤

④ 服务测试和运维：服务测试包括单元测试、联合测试、联调测试、性能测试 4 部分的测试内容，步骤如图 3-64 所示。

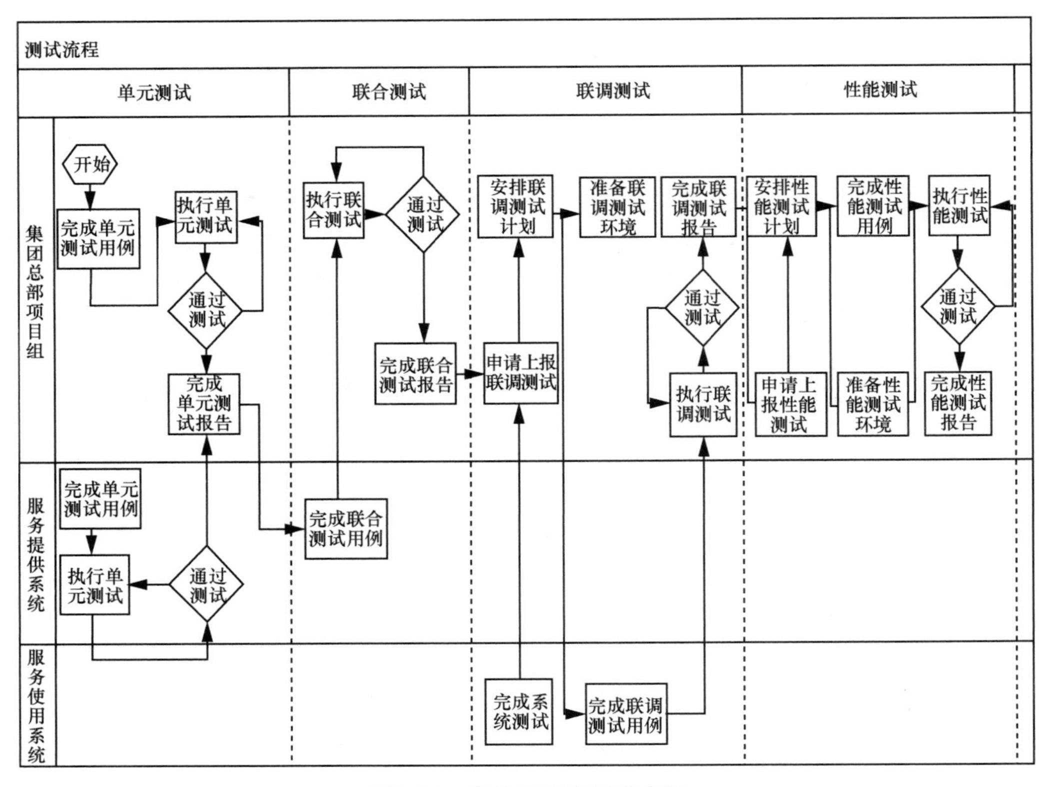

图3-64　服务测试和运维步骤

（7）iESB SOA 平台介绍

1）iESB 设计器

在工程中我们可以利用 iESB 设计器提供的丰富功能设置服务的暴露方式，进而接入服务、对服务进行编排，实现消息路由和消息格式转换等，从而设计出符合实际需要的服务，iESB 设计器界面如图 3-65 所示。

2）iESB 设计器环境搭建

（a）环境要求

① 安装 JDK1.6.0_29+；

② 安装 MySQL5.0 或 Oracle11g 以上版本；

③ 获取 iESB 引擎；

④ 安装 iESB 设计器。

（b）安装方法

① 安装 JDK，并配置环境变量；

② 在数据库服务器上安装所需的数据库（数据库可与 iESB 合设在一台服务器上），并运行 ESB 数据库脚本；

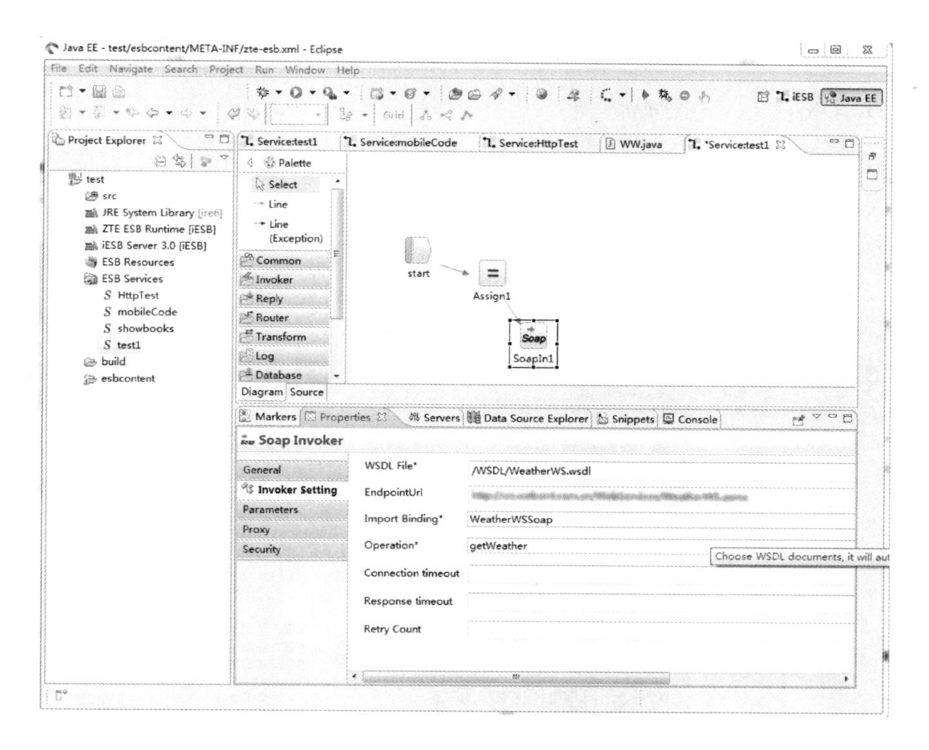

图3-65 iESB设计器界面

③ iESB 设计器无须安装，直接解压就可以运行；

④ iESB 引擎解压即完成安装，解压后，在服务器配置文件中修改数据库服务器连接即可运行（数据库配置方法请参考安装手册）。

注意：从版本机上提取的 iESB 设计器（iESB-designer.zip）和 iESB 引擎（iESB-server.zip），解压后就可以直接使用，具体见表 3-1。

表3-1 版本文件说明

iESB–designer–chs.zip	中文版的iESB设计器压缩包
iESB–designer–en.zip	英文版的iESB设计器压缩包
iESB–server（suse32）.zip	适用于32位suse机的服务器压缩包
iESB–server（suse64）.zip	适用于64位suse机的服务器压缩包
iESB–server（Windows）.zip	适用于Windows的服务器压缩包

3）企业服务总线管理平台

企业服务总线（ESB）是一个中间层，存在于服务客户端和服务提供者之间，平台界面如图 3-66 所示。ESB 是服务客户端的一个服务提供者。当客户使用服务总线上的服务时，服务总线可以进行多个操作，主要功能如下：

① 服务接入；

② 服务暴露；

③ 服务透传；

④ 消息格式转换；

⑤ 消息路由。

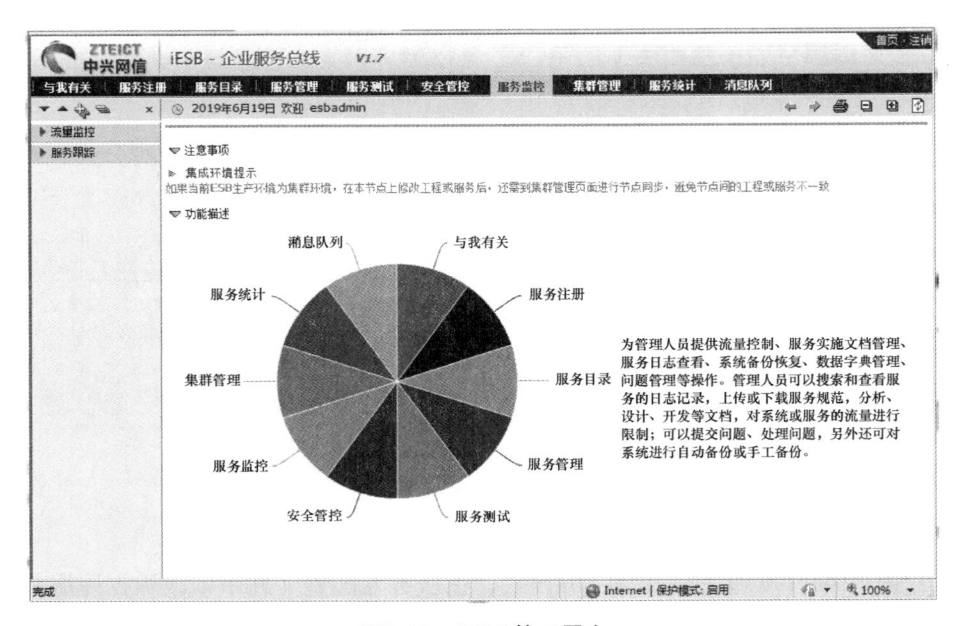

图3-66　iESB管理平台

① 服务注册界面如图 3-67 所示。

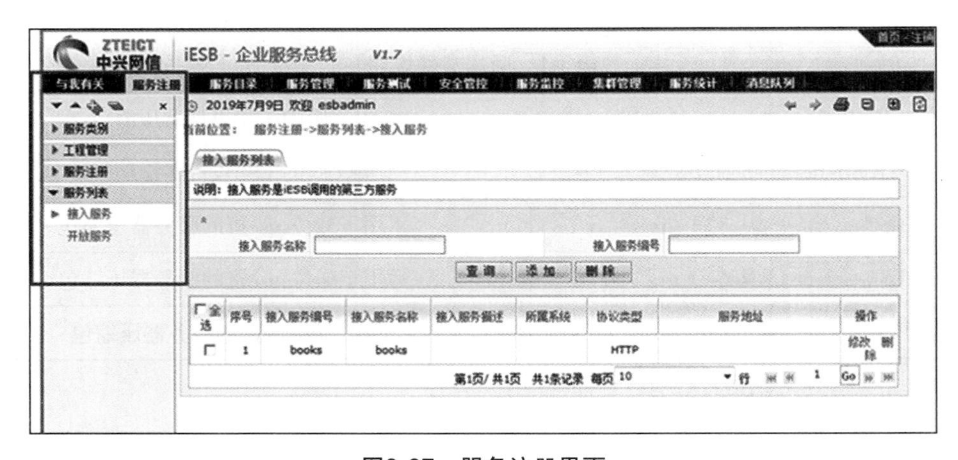

图3-67　服务注册界面

② 服务目录界面如图 3-68 所示。

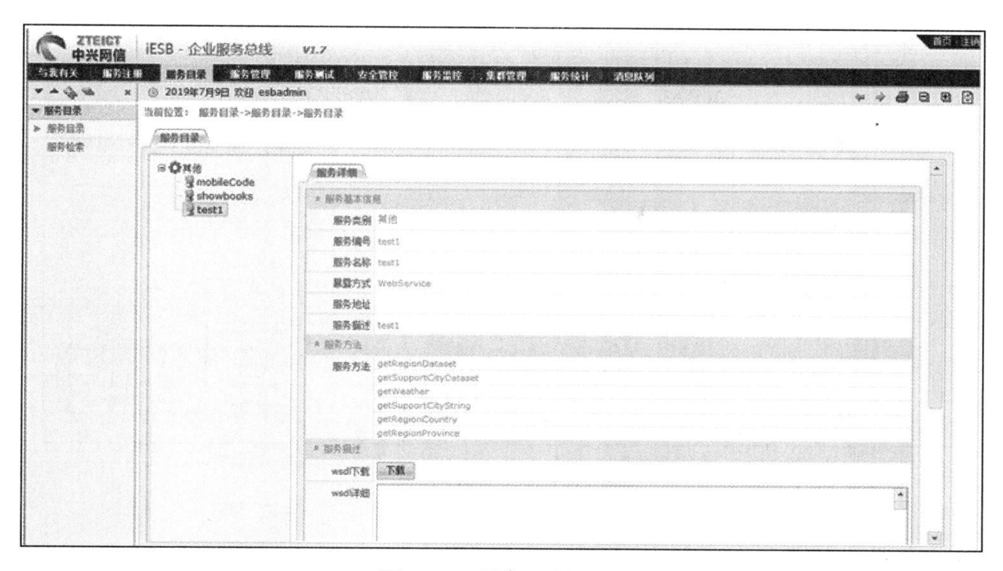

图3-68　服务目录界面

③ 服务管理界面如图 3-69 所示。

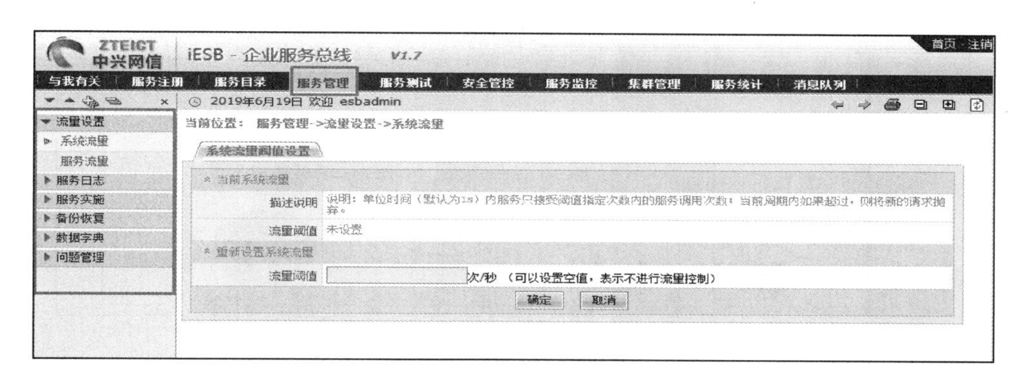

图3-69　服务管理界面

④ 服务测试界面如图 3-70 所示。

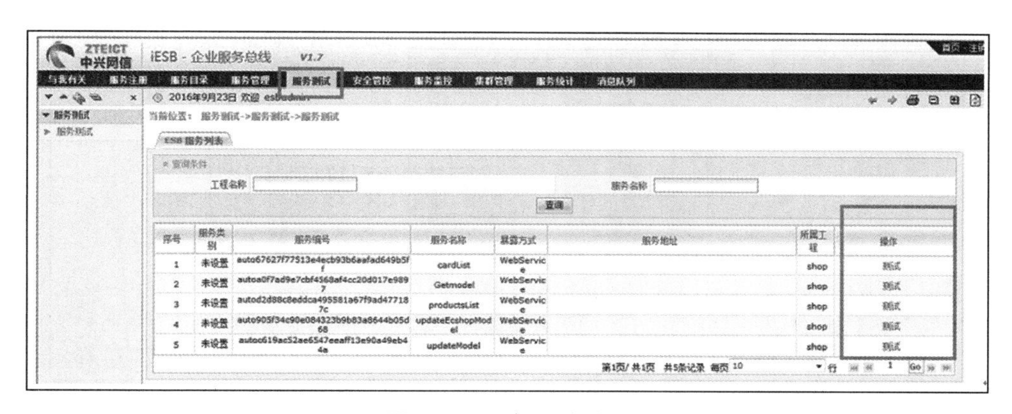

图3-70　服务测试界面

⑤ 安全管控界面如图 3-71 所示。

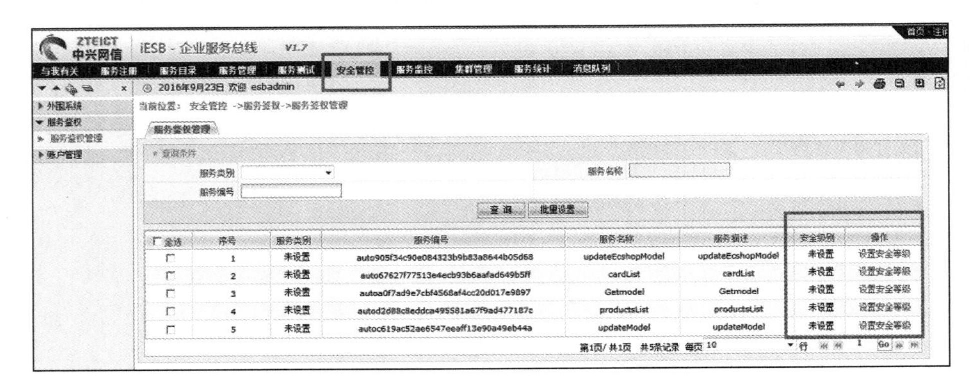

图3-71　安全管控界面

⑥ 服务监控界面如图 3-72 所示。

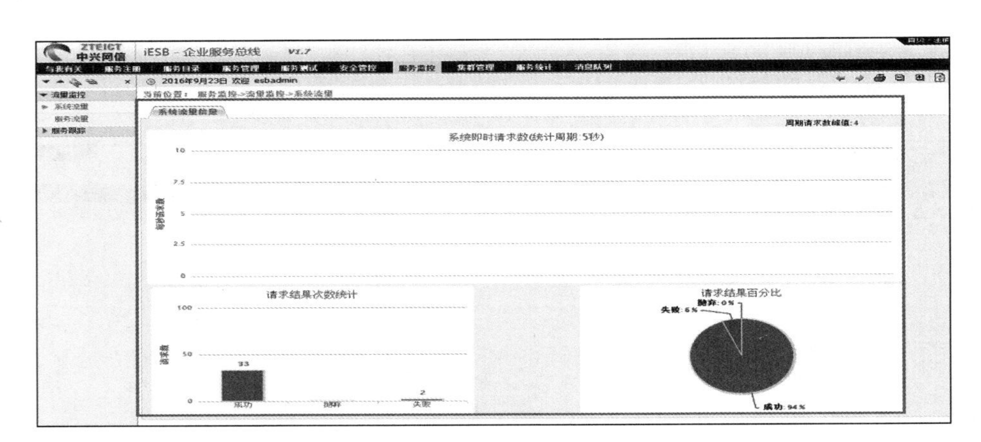

图3-72　服务监控界面

⑦ 集群管理界面如图 3-73 所示。

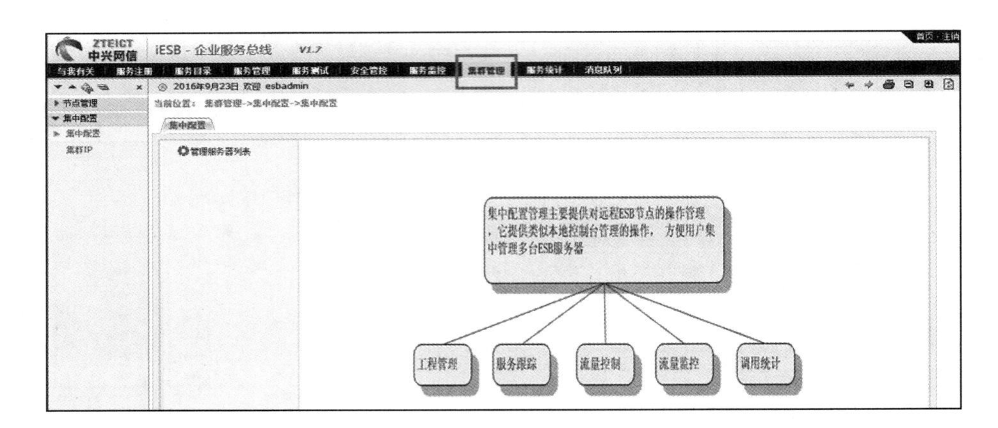

图3-73　集群管理界面

⑧ 服务统计界面如图 3-74 所示。

图3-74　服务统计界面

⑨消息队列界面如图 3-75 所示。

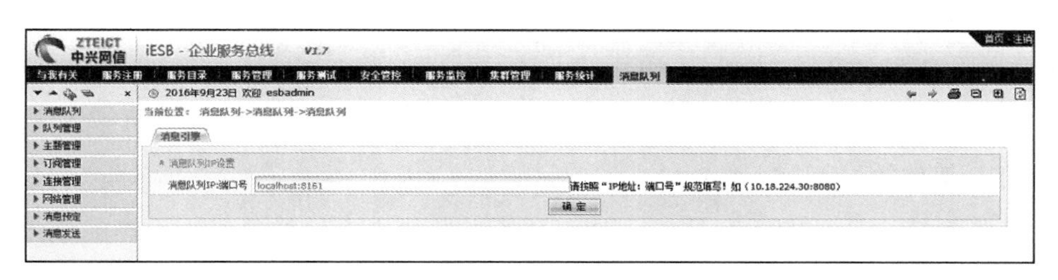

图3-75　消息队列界面

2. 就业前景及就业岗位简介

（1）就业前景

高端人才匮乏是中国软件产业当前发展较为突出的阻碍因素之一，多数企业的高端职位一直空缺但招不到合适的人才。

近年来，为了软件产业发展，中国各高校纷纷增设软件专业以提供充足的人才储备。随着 35 所示范性软件学院的招生以及培训机构的增加，我国软件人才的供给数量增多，加上软件相关专业每年在校本科生人数达到上百万人，由此可以预计，未来 5 年，中国软件业从业人员将从目前的 90 万人增加到 250 万人。

软件架构师一般都具备计算机学科或软件工程的知识，由程序员做起，然后再慢慢发展为架构师。在国内，很多大学目前还没有设立软件架构的学位课程，虽然 IT 业界对设计和架构的兴趣日渐高涨，但各学校还是无法在课程中增加相应的内容来体现这一趋势。而移动互联技术专业方向提供了这门课程，为学生在走向社会就业方向提供了选择机会。

（2）就业岗位

岗位描述：在软件项目开发过程中，软件架构师是将客户的需求转换为规范的开发计划及文本，并制订项目的总体架构，指导整个开发团队完成这个计划，主导系统全局分析设计和实施、负责软件构架和关键技术决策的人员。

能力要求：软件架构师应技术全面成熟练达、洞察力强、经验丰富，具备在缺乏完整信息、众多问题交织一团、模糊和矛盾的情况下，迅速抓住问题要害，并做出合理的关键决定的能力；具备战略性和前瞻性思维能力，善于把握全局，能够在更高、更抽象的级别上进行思考，主要包括如下几点。

① 对项目开发涉及的所有问题领域都有经验，包括彻底地理解项目需求，分析、设计软件工程活动等。

② 具备领导素质，能在各小组之间推进技术工作，并在项目压力下做出牢靠的关键决策。

③ 拥有优秀的沟通能力，用以说服、鼓励和指导等活动，并赢得项目成员的信任。

④ 以目标导向和主动的方式关注项目结果，作为项目背后的技术推动力，而非构想者或梦想家（追求完美）。

⑤ 精通构架设计的理论、实践和工具，并掌握多种参考构架、可重用构架机制和模式（如 J2EE 架构等）。

⑥ 具备系统设计员的所有技能，且应具备涉及面更广、抽象级别更高的技术；具备确定用例或需求的优先级，进行架构分析，创建架构的概念验证原型，评估架构的概念验证原型的可行性，组织系统实施模型，描述系统分布结构，描述运行时刻构架，确定设计机制，确定设计元素，合并已有设计元素、构架文档、参考构架、分析模型、设计模型、实施模型、部署模型、架构概念，验证原型、接口、事件、信号与协议等能力。

项目 4

互联网的未来及影响

项目引入

小明："朱老师，互联网应用已深入我们生活的方方面面，各个行业都面临着移动互联网所带来的冲击并正在经历变革，那么，互联网对传统行业的影响到底体现在哪里呢？"朱老师："互联网对传统行业的影响有 3 点：① 打破信息不对称格局，竭尽所能透明化；② 整合利用产生的大数据，使资源被最大化利用；③ 拥有自我调节机制。"

通过对本项目的学习，我们可以知道互联网给传统行业带来的变革有哪些，互联网对传统行业的挑战以及所引起的信息安全问题。

知识图谱

项目 4 知识图谱如图 4-1 所示。

【教学课件二维码】

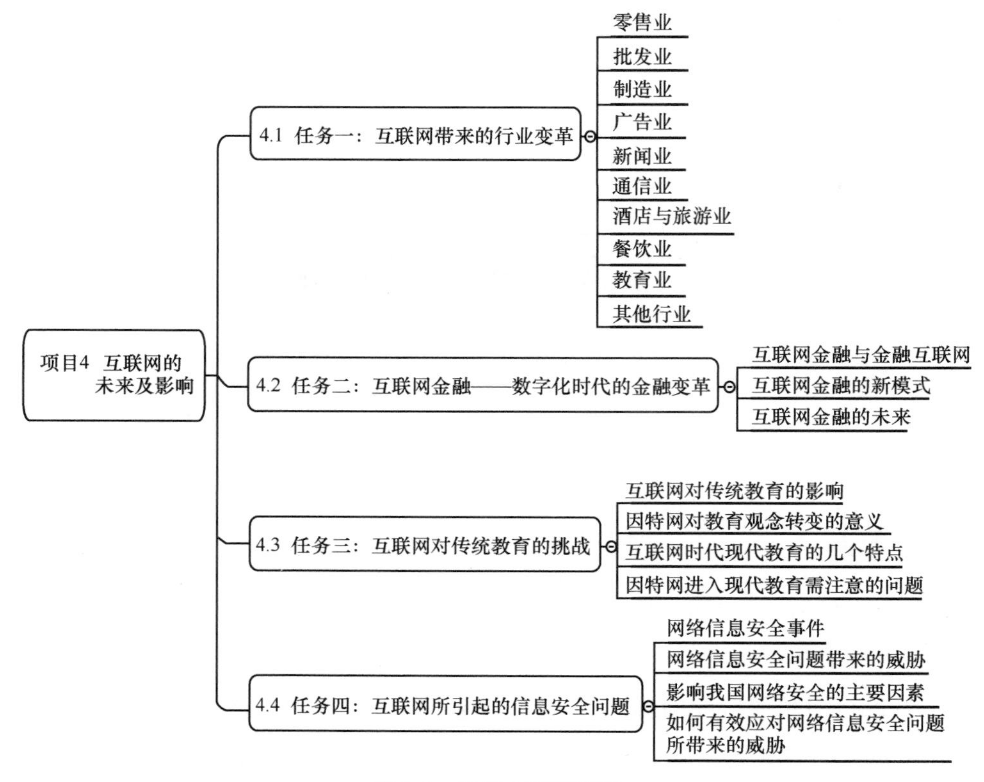

图4-1 项目4知识图谱

4.1 任务一：互联网带来的行业变革

【任务描述】

互联网最有价值之处不在于自己生产很多新东西，而是再次挖掘已有的行业潜力，用互联网的思维去重新提升传统产业。在本任务中，同学们需要了解互联网对各行业所带来的影响及其未来的发展趋势。

【知识要点】

1. 了解互联网给传统行业带来的影响。

2. 预测这些行业的未来发展趋势。

4.1.1 零售业

传统零售业对于消费者来说最大的弊端在于信息的不对称。而电子商务（如 C2C、

B2C）完全打破了这样的格局，它们将一件商品的定价变得透明，大大降低了消费者的信息获取成本，让每个消费者都知道某件商品的真正价格区间，使得区域性价格垄断不再成为可能。

2016年，马云在云栖大会上首次提出“新零售”的概念——线上、线下、现代物流等概念的整合，零售行业被重新定义。零售业正在突破单纯的线下传统零售或线上电子商务的模式，试图借助数据化和智能化技术，更加深入地理解及重构“人货场”概念，为消费者提供更系统的服务。

未来，零售业预计将出现以下几点趋势：① 线上与线下相结合，价格同步；② 同质化的产品将越来越没有竞争力，而那些拥有一流用户体验的产品会脱颖而出；③ 配合互联大数据，为消费者进行个性化整合推送。

4.1.2　批发业

与零售业相比较，批发业主要具有以下特点。

① 批发业的交易额一般较大：批发业属于资本密集型行业，资金较劳动力更为重要，资金问题往往是决定批发商经营成败的关键。

② 批发业的商圈比较大：中小批发商一般集中在地方性的中小城市，但经营范围会辐射周围地区;大型批发商往往分布于全国性的大城市，经营范围可以涵盖整个国内市场，有些还可以开展进出口业务，商业圈可以突破国界。

③ 服务项目相对较少：批发业的服务对象主要是组织购买者而非个人消费者，因此，批发业的服务项目比零售业少，批发业表现为组织对组织的服务，交易往往具有理性化。

未来，批发业预计将出现以下几点趋势：

① 在互联网的影响下，未来的B2B应实现更大范围的全球化；

② 在互联网繁荣到一定程度后，中间商、代理、批发商的角色会逐渐消失，更多角色被B2C取代。

4.1.3　制造业

传统的制造业都是封闭式生产，生产商决定生产何种商品。生产商与消费者的关系是割裂的。但是在未来，互联网会逐渐改变这种状态，用户将全程参与生产环节，自己决定想要的产品。也就是说，未来的生产商与消费者的界限会模糊，全新的C2B模式将诞生。目前，小米手机就是一款典型的用互联网思维做出的产品。

未来，制造业预计将出现以下几点趋势：

① 传统的制造业将难以为继，大规模的投放广告到大规模生产时代宣告终结；

② 进入新部落时代，人人都是设计师、人人都是生产者、人人都在决策所在部落的未来。

4.1.4 广告业

目前，广告业已由大规模投放广告时代转向精准投放时代。精准广告最大的好处就是在增大曝光率的同时又增强了企业网站的流量，并且实现网络客户的截留，进而可以在宣传和市场开拓方面减少开支，最终带来效益。

谷歌的购买关键词竞价广告（AdWords）方式，算是互联网广告业的领头羊。如果说传统广告是撒大网捕鱼，AdWords 就是一个个精准击破。AdWords 的精准之处不仅仅在于关键词投放，还在于投放者可以选择投放时间、投放地、模糊关键词投放、完全匹配关键词投放等。

不仅在搜索方面处处精准，在网站联盟投放也讲究精准。用户只要在百度、谷歌、淘宝搜索过相应商品关键词后进入有这些网站联盟的网站，该网站广告处会出现你所搜索过的产品线的相关广告，精准程度对传统广告业冲击可谓空前。这种做法的本质其实就是一种大数据思维。

未来，广告业预计将出现以下几点趋势：

① 广告业将被重新定义，步入精准投放模式；

② 广告业将依托互联网大数据实现长足发展。

4.1.5 新闻业

自媒体有别于由专业媒体机构主导的信息传播，它是由普通大众主导的信息传播活动，由传统的“点到面”传播，转化为“点到点”传播。同时，自媒体也是一种为个体提供信息生产、积累、共享，传播内容兼具私密性和公开性的信息传播方式。

早在 20 世纪，著名传播学家麦克卢汉就提出过“媒介即讯息”的相似理论。其含义是：媒介本身才是真正有意义的信息，人类只有在拥有了某种媒介之后才有可能从事与之相适应的传播和其他社会活动。媒介最重要的作用就是“影响了我们理解和思考的习惯”。因此，对于社会来说，真正有意义、有价值的“信息”不是各个时代的媒体所传播的内容，而是这个时代所使用的传播工具的性质，它开创了很多的可能性以及带来的社会变革。

未来，新闻业预计将出现以下几点趋势：

① 新闻业会反过来向自媒体约稿；

② 自媒体模式必将寻找到可行的赢利点，届时会有更多从事传统新闻业的人从事自媒体行业。

4.1.6 通信业

通信技术的日新月异，为我们带来了不少便利。随着数据通信与多媒体业务需求的发展，为适应移动数据、移动计算及移动多媒体运作需要，第五代移动通信技术开始兴起，用户因此有理由期待第五代移动通信技术将会给我们带来更加美好的未来。

未来，通信业预计将出现以下几点趋势。

① 世界可能不再需要手机号码，而需要 Wi-Fi，用户对电话和短信的依赖越来越低，直到有一天电话被封存起来，就像现在的电报一样。同时，手机号码、电话号码等词会出现在历史课中。

② 未来，你的手机不再需要2G、3G、4G、5G……而是Wi-Fi，那时的Wi-Fi会无处不在。当无线技术突破后，有线宽带将迎来终结。

那时，人类将进入全面的物联网时代，通信不再仅限于与人的通信，更多的是人与物、物与人、物与物的通信。

4.1.7 酒店与旅游业

纵观酒店业近10年的发展变化，高科技技术对于酒店的运营起了很大作用。现在，大部分人都不太愿意将时间花费在等待上，但传统的入住和退住的烦琐程序在很大程度上会消耗客人的一部分时间。这方面，酒店可以运用二维码技术或App，使客人通过简单的操作，即可轻松实现预订、入住到整个房间的全部监管再到退住等一系列与酒店相关的程序与操作。酒店还可以向客人推送信息，与客人形成一对一的有效互动，更快捷地为客人服务。

我国旅游业处于黄金发展期。首先，我国城乡居民收入稳步增长，加速升级消费结构，大幅提升人民群众健康水平，逐步落实带薪休假制度，不断完善假日制度，旅游消费得到快速释放，为旅游业发展奠定了良好的基础。旅游业被确立为幸福产业，各级政府更加重视旅游业发展，旅游业发展环境将得到进一步优化。其次，在国家加快推进供给侧结构性改革的大背景下，将不断优化旅游业供给结构，中国旅游业将加快由景点旅游发展模式向全域旅游发展模式转变，旅游发展阶段将不断演进，实现旅游业发展战略提升。再次，随着高速公路、高速铁路、机场、车站、码头等旅游交通基础设施的快速发展，现代综合交通运输体系不断完善，“快进”“慢游”的旅游交通基础设施网络逐步形成，宾馆、饭店、景区等旅游接待设施建设加快，旅游投资持续升温，旅游供给不断增加，这些都将拉动旅游消费快速增长。同时，随着我国城市化发展进程加快和社会保障体系的不断完善，中等收入人群规模不断扩大，群众的旅游消费能力和旅游消费意愿不断提升，旅游消费习惯逐步优化，旅游已成为人民群众最重要的休闲方式之一，旅游消费人群快速扩大。最后，作为文明古国、文化大国和新兴经济体，我国国际旅游吸引力仍然强劲，主要客源市场仍然有巨大的拓展空间，入境旅游发展潜力仍然很大。

未来，酒店与旅游业预计将出现以下几点趋势。

① 互联网为两者建立起强大的问责制，未来一定会出现将两者相统一的平台，对这两个行业进行细致的评判和考核。

② 这两个行业一定会利用互联网大数据判定消费者的喜好。酒店可以为消费者定制相应的个性化房间。旅游业从业者可以根据大数据为消费者提供其可能会喜欢的本地特色产品、活动、小众景点等，还可根据消费者旅行的时间、地点以及旅行时的行为数据为消费者推送其可能会喜欢的旅游项目。

4.1.8 餐饮业

人们不再像以前那样从窗口去观察餐馆的情况，而是从手机 App 中查看餐馆的相关评论。

在中国，消费者通过本地化 O2O 点评，可以对任何商家进行点评，商家也可以依靠这些评论来提升自己的服务能力。

未来，餐饮业将会被互联网彻底带动，会有越来越多的人参与点评中，餐馆会愈加优胜劣汰，一个没有特色的餐馆必将会被淘汰。

4.1.9 教育业

传统的教育业存在知识的封闭性，而步入互联网时代，获取这些知识将不再是问题，在线教育能够提供更优质的教师资源。我们面临的问题是如何才能加强个性化教育。

未来，教育业预计将出现以下几点趋势：

① 互联网会改变教育行业的价值取向，将单一的以成绩为主导的教育转变为对个性的全面认可与挖掘，从单一走向多元，再从竞争走向合作；

② 挖掘大数据，建立人格发展的大数据心理模型，让每个人进行个性化的发展。

4.1.10　其他行业

1. 电影业

如今，任何电影的营销策划都已离不开互联网，一部电影的成败都与互联网捆绑。

互联网为电影业带来了以下新的要求。

① 互联网要求电影也要像电视节目那样，实现优胜劣汰。目前，有很多平台是专门为电影书写影评的，使得消费者在选择影片时更有针对性。

② 互联网将打破一些传统格局，不拘一格，将一切有新意的电影推向市场。

未来，电影业预计将出现以下几点趋势：

① 电影市场势必百花齐放；

② 电影制作成本将大幅降低。

2. 医疗业

2017 年，马云花 10 亿元收购中信，改名“阿里健康”，目前，全国已有近 400 家大中型医院加入了阿里的互联网“未来医院”，覆盖了全国 90% 的省份。患者只要通过支付宝，就能完成挂号、缴费、查报告、B 超取号、手机问诊等全流程服务，目前，服务已经超 5000 万人次。

未来，医疗业可能会完全与互联网接轨，从患者角度来说：

① 各个医院以及医师的口碑评价会在互联网上一目了然，患者看完病后可以马上对该医生进行评价，该评价会对其他患者起到参考作用；

② 患者的诊疗大数据会跟随电子病历并永久保存；

③ 那时患者可无须到医院就医，基于大数据的可靠性，可以直接远程看病，药物随后抵达。

从医疗行业角度来说：

① 病人描述病情的时间会缩短，沟通成本降低，医生工作效率将大幅提升；

② 药品的价格更加透明；

③ 当区域性的技术资源问题解决之后，医院将进入自由市场，实现以服务患者为中心的优胜劣汰。

3. 保险业

保险业是金融业的一种，传统保险业中，一款产品会经过诸多次包装后再面向投保人。投保人可能会低估其真正存在的风险。保险公司受制于区域，所拥有的保险产品无法面向更多受众，只能以代理模式推广产品。

未来，保险业预计将出现以下几点趋势：

① 将会逐渐摆脱人际关系，以更直接的方式面对投保人，全部风险利弊由互联网的群蜂智慧来进行更公正的解读。个人判断的精力与误判的可能性将大幅度降低。

② 基于大数据，未来人类的所有行为都会上传到云端，那么保险业的想象力一定会更加爆发。未来的投保业一定会更细分、更人性化，依托广告业的变革，投保业的广告投放也会更精准。

4.2 任务二：互联网金融——数字化时代的金融变革

【任务描述】

什么是互联网金融，它的企业组织形式有哪些，它有哪些新模式以及发展趋势。

【知识要点】

1. 互联网金融和金融互联网概念，以及互联网金融包括网络小贷公司、第三方支付公司以及金融中介公司 3 种基本的企业组织形式。

2. 互联网金融的新模式包括：互联网支付、大数据金融、信息化金融机构、票据理财、金融机构创新型互联网平台、基于互联网的基金销售。

3. 未来互联网金融的 3 个重要发展趋势。

4.2.1 互联网金融与金融互联网

先给大家区分两个概念：互联网金融和金融互联网。可能有人会问，互联网金融和金融互联网不是一件事吗？它们其实并不是一个概念，互联网金融是指借助互联网技术、移动通信技术实现资金融通、支付和信息中介等业务的新兴金融模式，其既不同于商业银行间接融资，也不同于资本市场直接融资的模式。金融互联网则更多地指传统金融业，如银行、证券公司、保险业等，它们利用互联网实行业务电子化、终端移动化，通过互联网技术使传统行业电子化，在保证基本业务不变的情况下，提高业务的效率。所以，互联网金融是互联网公司开展的新型金融模式，金融互联网是金融行业的互联网化。两者的主体、开展业务、模式都是不同的。当然，互联网金融和金融互联网都是互联网技术高速发展的产物，广义上统一称为互联网金融。

互联网金融是数据产生、数据挖掘、数据安全和搜索引擎技术，是互联网金融的有力支撑。社交网络、电子商务、第三方支付、搜索引擎等形成了庞大的数据量。云计算和行为分析理论使大数据挖掘成为可能；数据安全技术使隐私保护和交易支付顺利进行；搜索引擎使个体更加容易获取信息。这些技术的发展极大地减小了金融交易的成本和风险，扩大了金融服务的边界。其中，技术实现所需的数据几乎成为互联网金融的代名词。

互联网金融与传统金融的区别不仅在于金融业务所采用的媒介不同，更重要的在于金融参与者深谙互联网“开放、平等、协作、分享”的精髓，通过互联网、移动互联网等工具，使得传统金融业务具备透明度更强、参与度更高、协作性更好、中间成本更低、操作上更便捷等一系列特征。

互联网技术手段最终会使金融机构失去资金，因为互联网的分享、公开、透明等理念会让资金在各个主体之间的流动变得非常直接、自由，而且违约率低，会不断地弱化金融中介的作用，从而使金融机构逐渐变为从属的服务型中介，不再是金融资源调配的核心主导。也就是说，互联网金融模式是一种努力尝试摆脱金融中介的模式。

互联网金融包括网络小贷公司、第三方支付公司以及金融中介公司 3 种基本的企业组织形式。当前，商业银行普遍推广的电子银行、网上银行、手机银行等属于此类范畴。

以互联网为代表的现代信息科技，特别是移动支付、云计算、社交网络和搜索引擎等，将对人类金融模式产生根本影响。20 年后，一个既不同于商业银行间接融资，也不同于资本市场直接融资的第三种金融运行机制，可称为“互联网直接融资市场”或互联网金融模式可能形成。

在互联网金融模式下，因为有搜索引擎、大数据、社交网络和云计算，市场信息不对称非常低，交易双方在资金期限匹配、风险分担方面的成本非常低，银行、券商和交易等中介都不起作用；贷款、股票、债券等的发行和交易以及券款支付直接在网上进行，这个市场充分有效，接近一般均衡定理描述的无金融中介状态。

在互联网金融模式下，支付更加便捷，搜索引擎和社交网络使信息处理成本降低，资金供需双方直接交易可达到与目前资本市场直接融资和银行间接融资一样的资源配置效率，并在促进经济增长的同时，大幅减少交易成本。

4.2.2 互联网金融的新模式

1. 互联网支付

互联网支付是指通过计算机、手机等设备，依托互联网发起指令、转移资金的服务，其实质是将新兴支付机构作为中介，利用互联网技术在付款人和收款人之间提供的资金划转服务。典型的互联网支付机构是支付宝。

互联网支付主要分为 3 类。第一类是客户通过支付机构连接到银行网银，或者在计算机、手机外接的刷卡器上刷卡，划转银行账户资金。资金还存储在客户自身的银行账户中，第三方支付机构不直接参与资金划转。第二类是客户在支付机构开立支付账户，将银行账户内的资金划转至支付账户，再向支付机构发出支付指令。支付账户是支付机构为客户开立的内部账务簿记，客户资金实际上存储在支付机构的银行账户中。第三类是“快捷支付”模式，支付机构为客户开立支付账户，客户、支付机构与开户银行三方签订协议，将银行账户与支付账户进行绑定，客户登录支付账户后可直接管理银行账户内的资金。该模式中，资金存储在客户的银行账户中，但是资金操作指令通过支付机构发出。

2. 大数据金融

大数据金融是指依托海量、非结构化的数据，通过互联网、云计算等信息化方式对数据进行专业化的挖掘和分析，并与传统金融服务相结合，创新开展相关资金融通工作的金融活动的统称。

大数据金融扩充金融业的企业种类，使金融业不再是传统金融独大，并创新金融产品和服务，扩大客户范围，降低企业成本。

按照平台运营模式，大数据金融可分为平台金融和供应链金融两大模式。两种模式的代表企业分别为阿里金融和京东金融。

3. 信息化金融机构

信息化金融机构，是指广泛运用以互联网为代表的信息技术，在互联网金融时代，对传统运营流程、服务产品进行改造或重构，实现经营、管理全面信息化的银行、证券和保险等金融机构。

在互联网金融时代，信息化金融机构的运营模式相对于传统金融机构运营模式发生了很大的变化。目前，信息化金融机构按运营模式可分为传统金融业务电子化模式、基于互联网的创新金融服务模式、金融电商模式 3 类。

传统金融业务电子化模式主要包括网上银行、手机银行、移动支付和网络证券等形式；基于互联网的创新金融服务模式包括直销银行、智能银行等形式及银行、券商、保险等创新型服务产品；金融电商模式就是以建行“善融商务”电子商务金融服务平台、泰康人寿保险电商平台为代表的各类传统金融机构的电商平台。

4. 票据理财

① 企业用持有的银行承兑汇票向互联网平台申请质押；

② 互联网平台据此设计、发布理财产品；

③ 投资者在网上购买理财产品，众筹的资金为企业提供融资；

④ 票据到期后，平台向承兑银行请求兑付；

⑤ 按约定收益给投资者还本付息。

其中以“金票通”平台为例，其通过发布票据理财产品将需要融资的企业和投资人直接对接，实现票据领域的“金融脱媒”。另外，笔者了解到，“金票通”平台为保障投资者利益，在运作模式中，加入四大保障体系：中国银行票据托管、投保平安财险的员工忠诚险、签约新浪支付为资金托管的第三方平台、以然成金融全国领先的线下业务为支持。通过这四大保障体系，平台尽量打消投资者的后顾之忧，让投资者可以放心、安心享收益。

5. 金融机构创新型互联网平台

金融机构创新型互联网平台可分为以下两类：一类是传统金融机构为客户搭建电子商务和金融服务综合平台，客户可以在平台上进行销售、转账、融资等活动，平台不赚取商品、服务的销售差价，而是通过提供支付结算、企业和个人融资、担保、信用卡分期等金融服务来获取利润；另一类是不设立实体分支机构，完全通过互联网开展业务的专业网络金融机构。

6. 基于互联网的基金销售

根据网络销售平台的不同，基于互联网的基金销售可以分为两类。

一类是基于自有网络平台的基金销售，实质是传统基金销售渠道的互联网化，即基金公司等基金销售机构通过互联网平台为投资人提供基金销售服务。

另一类是基于非自有网络平台的基金销售，实质是基金销售机构借助其他互联网机构平台开展的基金销售行为，包括在第三方电子商务平台开设“网店”销售基金、基于第三方支付平台的基金销售等多种模式。基金公司基于第三方支付平台的基金销售的本质是基金公司通过第三方支付平台的直销行为，使客户可以方便地通过网络支付平台购买和赎回基金。

以支付宝的“余额宝”和腾讯的“理财通”为例：截至 2019 年 1 月 9 日，“余额宝”金额为 1.13 万亿元；截至 2018 年 12 月 26 日，理财通金额突破 5000 亿元，用户数达到 1.5 亿人。

4.2.3 互联网金融的未来

近些年，以第三方支付、网络信贷机构、人人贷平台为代表的互联网金融模式越发引起人们的高度关注，互联网金融以其独特的经营模式和价值创造方式，对商业银行传统业务形成直接冲击甚至具有替代作用。

目前，在全球范围内，互联网金融已经体现出两个重要的发展趋势。

第一个趋势是移动支付业务替代传统支付业务。

移动通信设备的渗透率已逐渐超过金融机构的网点或自助设备的渗透率，移动通信、互联网和金融的结合更加深入，2018 年，我国移动支付业务 605.31 亿条，交易金额 27703900 亿元，全球排名第一。在肯尼亚，手机支付系统 M-Pesa 的汇款业务已超过其国内所有金融机构的总和，而且延伸到存贷款等基本金融服务，这并不是由商业银行运营。

第二个趋势是人人贷替代传统存贷款业务。

该现象出现的背景是金融机构一直未能有效解决中小企业融资难问题，而现代信息技术大幅降低了信息不对称和交易成本，使人人贷在商业上成为可行。

未来，互联网金融将与大金融相互融合，达到与现在直接和间接融资一样的资源配置效率，并在促进经济增长的同时，大幅减少交易成本，简化操作，提供一站式服务。

4.3 任务三：互联网对传统教育的挑战

【任务描述】

互联网思维对传统教育有怎样的影响？在线教育是否有最适合的发展模式？教育专家、学者对这些问题的看法迥异。有人冷静地等待在线教育的发展，有人认为在线教育面对不同人群会有不同的效果，有人正在努力尝试各种在线教育模式，也有人对在线教育的未来充满信心。颠覆、互联网思维、线上 + 线下、师资等成为专家与普通民众关心的热点词汇。在本任务中，各位同学将学习互联网对教育的影响、对教育观念转变的意义、互联时代现代教育的特点以及需要注意的问题。

【知识要点】

1. 了解互联网对传统教育的影响。

2. 了解因特网对教育观念转变的意义。

3. 互联网时代现代教育的几个特点：互联网思维、免费、师资、线上 + 线下。

4. 因特网进入现代教育需要注意的问题：道德问题、产生的影响、因特网进课程对原有教学的影响。

4.3.1 互联网对传统教育的影响

远程教育是最早介入网络的领域之一，“网络教育”也是网络技术拓展应用的一大空间。从 CAI 到 CD-ROM 技术、超文本技术、超媒体技术到网络技术，这一系列技术的发展引发了教育手段、教育方法、教育资源到教育思想、教育体制的变革，促使传统教育方式在诸多方面都发生了变化。从人（教师、学生、管理者）到物（教材、工具书、参考资料、教学设备等），从硬件（教室、图书馆等）到软件（教育思想、教育方法、教学管理等）都受到一定程度的挑战，这些都是现代远程教育所要研究和解决的问题。

现代远程教育特指基于因特网（地网）和卫星网（天网）而进行的远程教育，它是远程教育的一个新兴模式或者前沿分支。现在我们需要探索因特网这一新手段与学校教育结合的问题，关注这一新技术引发的教育革命动向，研究它将给现代远程教育带来什么前景。多媒体有利于创造真实的教学环境，在教学方面采用声、图、文、动画、录像多种手段，有效地培养学生的各种基本能力。多媒体技术、超文本技术、超媒体技术、虚拟现实技术完美地结合，才能有利于提高学校教学的效率，强化学校教学的效果。现在，一个远程教育网站，不只是提供教学内容，还把丰富的课外读物、课外活动等提供给不同水平的学生，诸如图书、报纸、杂志、广播、电影、电视、录像等。在这方面，随着因特网技术的进步和利用因特网水平的提高，因特网对现代远程教育的发展将起到更加积极的作用。

4.3.2　因特网对教育观念转变的意义

因特网不仅为现代教育提供了先进的教学手段和技能，也对教育教学观念的转变提出了更大挑战。或者说，现代教育教学手段和技能必须要有与之相适应的现代教育观念，因特网对现代化教育的作用才能最大限度地发挥。

如今，信息化技术已经渗透到社会的各个方面。一场信息化的颠覆性变革正在教育领域悄悄地发生。

时下，上网逐渐成为中小学生学习和生活中不可或缺的重要活动。在学校网站下载作业，在 QQ 群里讨论功课以及上网搜寻资料等已成为中小学生学习和生活的习惯。可以说，随着时代的变迁和高科技的发展，以及家庭电脑和网络的普及，网络已成为中小学生学习和生活中的好帮手。网络既有利于同学与同学之间的互相讨论、互相学习、互相交流、取长补短、共同学习、共同进步，也有利于进一步增强与老师以及父母之间的理解、沟通与交流。

① 终身教育及融合教育的观念。现代教育的不断发展，使人们接受教育的时间延长到校门之外，延伸至成年，乃至老年；远程教育的出现使得不分年龄、职业、社会地位的教育成为普遍现象。所谓融合教育，指的是有着诸多区别的受教育者可以同时接受的

教育。目前，就教学形式而言，现代远程教育已转为学校教育的补充，面向在校人员和非在校人员。它为教育的大众化和学习的终身化提供了前所未有的机会和条件，并将这方面的观念和意识深深地植入决策者和大众的观念中。

② 创新教育的观念。从某种意义上讲，创新观念是网络教育能否成功的基础，因为网络世界纵横交错着无数的连接和关系，总的方面与现代社会求新、求变、多样化和快节奏的特征相吻合，激励人们的思想延伸、事业扩展、思维发展。网络创新教育的对象首先是教育者本身，而非受教育者，它要求教育体制和机构迎接网络环境的挑战，要求教师的地位从细节的陈述者变成积极学习的支持者，要求教育的领导者和从事者不仅应该研究教育的科学规律，还应该研究科学技术和社会经济的发展规律，要求教育的内容、方法和层次不仅应该适应当前的社会要求，而且应该顺应未来社会的发展。

③ 重塑文化能力的观念。这一观念直接涉及文化水平、读写能力的界定。文化水平通常指的是人们阅读和写作的能力，而读写能力往往又是根据识字的多少来界定的。在网络社会，个人的文化能力应是多方面的：在一个层次上，应能阅读和写作；在另一个层次上，应有一定的技术能力，能使用计算机和其他远程交流的工具，这也可以说是网络社会的读书与写作;在更广的层面上，应是一个生活在现实社会和网络社会中的文化人，应该同时具备适应两者和创造两者的能力。

④ 学校虚拟化的观念。网络作为普遍现象，意味着生产的传统要素——资金、场地、库存和熟练劳动力等不再是经济力量的主要决定因素，经济的潜力将越来越多地同控制和操作信息的能力联系在一起。学校硬件设施的界定将超出规模、存量、占地等指标，而延伸出了创造性、流动性和深度等新的要求。学校的功能、校区建设等方面的观念也将转变。

⑤ 社会教育化的观念。在网络社会，教育不再是学校的专利，而日益成为社会的共同事业——个人和家庭教育作为最佳的投资领域；企业把教育看作提高员工素质和企业竞争力的基础；国家和社会视教育为综合国力和社会文明的主要象征。

4.3.3 互联网时代现代教育的几个特点

互联网时代，线上价值将远远超过线下。现在，通过互联网技术、现代信息技术，人们获取知识的结构已经发生了革命性的变化。互联网很可能会颠覆传统教育，因为人们获取知识的渠道增加。我们研究未来型教育，就应该研究未来的世界结构是什么样的，未来孩子应该具备什么知识和能力，这是教育的价值所在。

2012 年是我国在线教育行业发展元年，随后，1000 多家在线教育公司在我国各地相继成立。教育可以归结为第三产业，但又与其他服务产业有着本质的不同，服务产业的本质是花钱买享受，而教育却不同。随着人工智能、大数据技术的日益完善和应用，未来在线教育运营模式依然有很大创新空间。

互联网对传统行业的冲击主要体现在平台化和专业化方面，对教育行业来说应该是专业分工越来越细，平台越来越大。未来，教育培训行业预计将会有大平台出现，它们只聚拢人气，而不提供具体的内容服务。关于互联网对于未来教育的冲击，有以下几个关键词不得不提。

1. 关键词 1——互联网思维

互联网思维其实是一种商业模式，核心为：一是产品为主，注重用户体验；二是用户免费；三是开放的平台；四是利用大数据分析，精准地显示可能成为用户的对象。其实，互联网思维和互联网教育是两个概念。互联网企业可能有传统思维，传统企业可能有互联网思维。互联网思维有很多种，比如极致思维、粉丝经济等。培训行业应关注这个行业的痛点在哪里？首先是老师，老师与办学者之间的关系还没理顺，如何借用互联网思维解决这一问题是人们需要考虑的；二是教学效果没有完全透明；三是房租，全国大概有 20 万所校外培训机构，房租费占据运营主要支出，我们应该考虑如何通过互联网把校外培训机构闲置产能利用起来。

2. 关键词 2——免费

新东方创始人俞敏洪说："培训教育有四大任务：学习效果、效率问题、便捷性问题、趣味性问题。围绕着 4 个新问题，不论是互联网教育还是传统教育，必须要至少解决两三个问题，才有存在的价值。"从互联网思维角度来说，培训机构前期可通过免费来吸引用户、扩大知名度。但是，免费模式支撑不了在线教育公司长远发展，公司初期一定要提高效率，同时强化学习效果，增加趣味性，最好同时具备便捷性。付费模式现在已经逐渐为大众所接受，腾讯课堂发布的《2018 年中国在线教育平台用户大数据报告——腾讯课堂数据篇》显示：33% 的学员在平台的年花费超过 100 元，每年愿意花费超过 1000 元为教育高价买单的学员占比 15%。从付费金额来看，90 后（24 ～ 28 岁）群体占比最多；从付费人数来看，95 后（19 ～ 23 岁）群体占比最多。这说明年轻用户已被培养了教育付费的习惯，教育机构想要提升用户付费转化率，需要聚焦 90 后等年轻群体，探索年轻人更为喜闻乐见的营销玩法。

3. 关键词 3——师资

在讨论互联网尤其是移动互联网给教育带来的影响时，很多人关心的是如何利用新技术更好地传授知识、提高学习效率和学习效果，但我们更关注的是如何利用移动互联网的新技术更好地培训老师，提高老师的教学质量、教学水平。例如，开发针对教师的手机移动端产品，及时分享更有效、更受学生喜欢的教学方法。

4. 关键词 4——线上 + 线下（O2O）

O2O（Online & Offline，线上 + 线下）是时下非常火的概念，带来了很多新的商业模式和创业项目。目前已有的线上教育模式，虽然在便捷性、开放性等方面拥有优势，但还是只能解决教书层面的问题。学生的人际交往、团队合作能力，乃至学生的德育培养问题，都还必须依赖线下教育环境才能得到解决。移动教育包含网络教育，这个模式可以迅速改变教育现状，解决区域教育资源不均衡的问题。

4.3.4 因特网进入现代教育需注意的问题

现代教育利用因特网技术获得各种利益的同时，需要注意以下问题。

① 在教学中大量应用因特网时，不能不关注一些重要的道德问题。首先，作为教师，必须教学生筛选网上获得的信息，弄清是谁发的，来源于哪里，这些材料有无明显的错误;其次，必须考虑的道德问题是因特网上有一些不适合学生的材料，如不健康的网站等;再次，因特网迷恋症又是一个问题。有学者对 2000 名大学生做了一项调查，结果显示：许多大学生患有严重的“因特网迷恋症”。在日常生活中，由于迷恋因特网而造成学习成绩下降的人、有心理疾病的人的数量只增不减。对此，学校要通过明确的道德准则和学生行为守则来规范这类问题。

② 因特网仅仅是一种工具，允许网民同世界上的任何个体分享信息、思想、消息，这种分享对教育的许多方面都会产生影响。我们必须对因特网对现代教育产生的潜在影响有一个基本的认识：因特网仅仅是一种工具，一种教师用来提供给学生打开世界窗口的工具——因特网不会教学生，仍是教师教学生；因特网虽然能使学生获得更多的教育资源和信息，但若没有教师对学生的指导并引导学生对信息进行筛选，这些新资源的作用是有限的；因特网的正确应用会有益于学生的教育，如果应用不当，会使学生受到伤害；因特网不会代替教学方法。因特网对教学的意义在于促进教师和学生提高教与学的质量。

③ 因特网能够进课堂？如果增加了网络课，我们就改变了学校计划和教师在课堂中的责任。如果把因特网作为课程的一部分，教师教什么和如何教就会改变。更进一步地说，如果学校选择了增加因特网课程，会改变学校。目前我们没有办法列出一所学校选择上网可能面临的所有变化。然而对教师来说，明智的选择是：首先，必须告诉学生如何处理信息，也必须教会学生如何查找新信息；其次，必须意识到我们不是在教育孩子进入我们的世界，而是在教育他们进入一个未来世界——他们的未来。因特网在将来 10 年或 20 年会是什么样子，对学校和课程有更大的影响吗？勒温司·皮

尔曼（Lewis Perelman）在他的《学校的出路》（*The Way Out for Schools*）一书中，构想了一个未来需要学习的社会。一个类似但又先进于现在社会的社会。不管未来是什么样，教师总是承担着为学生提供最好教育服务的重担，应教会学生如何运用可获得的资源。

4.4　任务四：互联网所引起的信息安全问题

【任务描述】

互联网所引起的网络安全事件有哪些，出现网络安全问题的原因是什么？如何有效应对网络信息安全问题所带来的威胁呢？

网络信息技术的普遍应用与发展给人们的生产与生活带来了很大的便利，但其中所显现出的网络安全问题，又给人们的生产与生活带来很大的困扰，甚至给国家安全带来很大的威胁。因此，当前形势下，如何有效地应对网络信息安全问题所带来的威胁成为最重要的任务目标。

【知识要点】

1. 网络信息安全事件：非授权访问、信息泄露、数据的完整性遭到破坏、拒绝服务攻击、恶意代码。

2. 网络信息安全问题带来的威胁有哪些。

3. 影响我国网络安全的主要因素有哪些。

4. 如何有效应对网络信息安全问题所带来的威胁：构建完善的网络信息安全法律体系，提升网络信息安全意识，提高我国信息化产业的自主创新能力。

4.4.1　网络信息安全事件

网络信息安全事件是指因为偶然的自然因素，还是通过非法手段等恶意对网络信息进行篡改、插入、删除，导致网络信息的完整性以及安全性不能得到保障的情况。网络信息安全事件不仅会对人们的生活与生产造成很大的影响，而且还有可能会威胁到国家信息安全。目前，主要的网络安全事件有以下几种。

1. 非授权访问

非授权访问主要指没有得到系统相应的授权就对网络或者计算机资源进行访问，也就是通过非法的手段避开系统中的访问控制权限，非法使用网络中的各种信息资源，或者是超越权限范围访问某些信息。主要以下述形式出现：非授权人通过假冒身份、非法侵入以及密码暴力破解等手段对网络系统进行违法操作，会对信息安全带来极大挑战。

2. 信息泄露

信息泄露主要指有价值的信息数据或者是敏感数据被泄露出去或是丢失。比如：账号、密码以及邮件等重要资料在信息传输中出现的信息泄露或丢失。信息泄露一般都是由人为因素导致的，如利用黑客方式获取机密信息或者丢失有价值信息，这些都会对正常的社会秩序造成很严重的影响。

3. 数据的完整性遭到破坏

数据的完整性遭到破坏，这类信息安全事件主要是指通过非法的手段对某些重要信息进行删除、篡改等，导致某些数据信息遭到破坏，从而严重影响了用户正常使用。

4. 拒绝服务攻击

这类安全事件主要指的是利用系统安全的操作漏洞以及协议漏洞等，对网络设备进行攻击，从而干扰网络服务系统正常的作业流程，使系统反应减慢或者是瘫痪，导致合法用户无法正常访问网络系统且无法得到相应的服务，造成很严重的影响。

5. 恶意代码

这类网络攻击事件主要指的是通过病毒、木马、蠕虫以及其他后门等攻击特定的系统执行程序而引发的安全问题，其中，计算机病毒是引发网络信息安全的主要原因，会导致系统瘫痪以及很多重要的数据丢失或无法正常使用。

4.4.2 网络信息安全问题带来的威胁

随着网络信息技术的普及与发展，计算机网络已普遍应用于各个领域，很多重要的信息都是通过网络进行传播的，因此，网络信息的安全对人们的生产生活来说具有非常大的影响，主要体现在以下几个方面。

1. 网络信息安全对个人的影响

首先，对个人购物的影响。随着网络技术的发展，人们的购物模式发生了很大的改变，更多人倾向于网络购物，主要是由于网络购物相对方便，可以在任何有网络覆盖的地方进行。但是，人们在支付过程中可能涉及一些重要资料，比如：账号密码、银行卡信息等，如果在一些公共网络环境或者 Wi-Fi 环境中，这些重要的信息可能存在被泄露的风险，从而给个人带来巨大的损失。随着互联网技术的发展，以网络为依托的 QQ、微信等社交平台取得了较快的发展，成为人们沟通交流的主要辅助工具，但是，由于这些社交平台的用户头像以及资料等很容易被不法人员冒用，用户容易遭受巨大的损失。

2. 对企业带来的影响

随着计算技术的发展，以经济为目的的各类信息安全事件不断出现。企业是社会经济发展最重要的元素，而一些不法分子基于某种目的利用木马病毒等对企业网进行攻击，使企业的一些重要数据信息遭到破坏、删除或篡改，严重影响了企业利用网络进行正常的商业活动。

3. 对国家安全带来的影响

网络信息安全问题会对国家安全带来很大的威胁，主要体现在以下几个方面。首先，网络信息安全会对国家的政治安全产生影响。其次，会对我国的经济安全产生影响，目前国际经济中的大量金融信息与交易信息都是依靠网络传输的，很容易成为不法分子攻击的对象，甚至会给国家经济造成严重的损失，因此要重视网络信息安全问题。

4.4.3 影响我国网络安全的主要因素

“计算机安全”被计算机网络安全国际标准化组织（ISO）定义为：“为数据处理系统建立和采取的技术和管理的安全保护，保护计算机硬件、软件数据不因偶然和恶意的原因而遭到破坏、更改和泄露。”影响我国计算机网络安全的原因主要有以下几点。

① 系统的安全存在漏洞（系统漏洞），用专业术语可以这样解释：应用软件或操作系统软件在逻辑设计上的缺陷或在编写时产生的错误。这个缺陷或错误一旦被不法者或者电脑黑客利用，通过植入木马、病毒等方式可以达到攻击或控制整个电脑，从而窃取电脑中的数据、信息资料，达到破坏系统的目的。而每一个系统都并不是完美无缺的，因此没有任何一个系统可以避免系统漏洞的存在，事实上，要修补系统漏洞是十分困难的事情。漏洞影响的范围很大，包括系统本身及其支撑软件、网络客户和服务器软件、网络路由器和安全防火墙等。也就是说，这些不同的软硬件设备中都会存在不同的安全漏洞。

② 来自内部网用户的威胁要远远大于外部网用户的威胁，这是由于内部网用户在日常操作中缺乏安全意识，例如无序管理移动存储介质的、使用盗版软件等，都是内网存在的网络安全隐患。

③ 缺乏有效的手段监视网络安全评估系统，用通俗易懂的话来说，就是检查网络，查看是否有会被黑客利用的漏洞。如果不经常运用安全评估系统，对系统进行有效的检查和修补，就会造成数据信息资料的外泄。

④ 安全工具更新过慢。安全工具指的是保护系统正常运行，有效防止数据、资料信息外泄的工具。由于技术在不断进步，黑客的技术也在不断提升，如果安全工具更新过慢，黑客就会利用新的技术，对系统存在的漏洞进行攻击。

4.4.4 如何有效应对网络信息安全问题所带来的威胁

1. 构建完善的网络信息安全法律体系

完善的网络信息安全法律体系是网络信息安全的根本保障。随着网络信息技术的快速发展，与网络信息相关的法律法规需要逐步完善才能够使网络信息安全问题得到有效监管，进而保证国家政治、经济的安全，维护社会稳定。首先完善网络信息安全立法体系，随着信息技术的飞速发展，网络信息安全的立法体系为了适应其发展速度需要不断地完善更新，虽然我国目前出台了一系列法律法规，但是随着我国现代信息技术的蓬勃发展，我国需要逐步完善信息安全立法体系。我们可以借鉴国际信息安全方面的相关法律并结合我国国情，从维护国家利益出发，出台适合我国并具有特色的信息安全管理法律法规，维护我国网络信息安全。其次，完善网络内容发布责任制度，目前，我国的网络内容发布责任制度尚不明确，没有对访问控制、流量控制、发布控制、IP控制以及时间控制等权限进行控制，导致管理员以及个人用户之间没有明确区分界定，给网络信息安全监管带来很大的困难，因此要逐步完善网络内容发布责任制度，使我国信息安全体系更加完善，保障我国网络信息的安全。

2. 提升网络信息安全意识

随着网络信息技术的快速发展与普遍应用，世界各国逐渐认识到网络信息安全监管的重要性，网络监管的主要目的是为了维护国家主权的安全以及公民的利益，防止网络成为损害国家以及公民利益的途径。我国要逐步提升网络安全意识，从而为网络信息安全提供重要的保障。首先，我国政府要充分发挥信息安全管理主体的重要作用，从国家信息化发展的整体出发，积极采取综合防治的方法，把握信息安全问题的内部规律，科学规划与建设网络信息安全体系，及时必要地投入，促进我国信息产业发展，并保障我国信息安全管理工作的顺利开展。其次，我国公民要逐步提升网络安全意识，维护国家主权完整以及保障国家利益，提升网络信息危机意识。相关部门应逐步提升网络安全技术并积极运用网络寻找应对网络安全问题的措施，减少网络信息安全问题给我国政治经济带来的损失。

3. 提高我国信息化产业的自主创新能力

信息化产业的发展是我国信息安全发展的基础，因此，我国要有支持和鼓励推动我国信息化产业发展的相关措施。首先，优化我国网络信息产业发展的环境，完善信息产业发展的政策，并为企业发展提供物质与技术方面的支持，从而为国家信息产业自主创新能力的提升提供重要的保障；其次，企业自身要逐步提升自主创新能力，信息技术企业要逐步加大自主研发的投入力度，促使自身的自主创新能力得到提升。

总之，随着网络信息时代的快速发展，网络信息安全的监管环境发生了很大改变，网络信息安全问题已经成为当前形势下最为重要的问题。为了保障我国信息安全，更好地维护我国国家主权的完整以及公民的利益，我们应积极推动公民提高网络信息安全意识，逐步完善我国的网络信息安全法律体系，不断提升我国信息化产业的自主创新能力，从而确保我国的政治、经济以及文化的安全，推动我国建设事业健康稳定发展。